Einstein para perplejos

Einstein para perplejos

JOSÉ EDELSTEIN
ANDRÉS GOMBEROFF

Papel certificado por el Forest Stewardship Council®

Primera edición: enero de 2018

© 2017, José Edelstein, Andrés Gomberoff
© 2017, de la presente edición en castellano para todo el mundo:
Penguin Random House Grupo Editorial, S. A.
Merced 280, piso 6, Santiago de Chile
© 2018, Penguin Random House Grupo Editorial, S. A. U.
Travessera de Gràcia, 47-49. 08021 Barcelona

Printed in Spain – Impreso en España

ISBN: 978-84-9992-828-9
Depósito legal: B-22.911-2017

Impreso en Cayfosa
Barcelona

C928289

Penguin
Random House
Grupo Editorial

Índice

Prefacio

¿Es necesario otro libro sobre Albert Einstein? ¿Acaso no se ha escrito ya suficiente, incluso demasiado, sobre este legendario científico al que se llegó a caracterizar como el mayor personaje del siglo xx?

Probablemente, como les sucede a los niños con las repetidas lecturas de cuentos infantiles, nunca nos cansemos de leer y escuchar sobre él. Esto debido a que cuando hablamos de Einstein estamos haciendo mucho más que referirnos a aquel particular personaje que nació en Ulm en 1879 y que a lo largo de sus setenta y seis años de vida revolucionó la física en cada una de sus áreas, además de inaugurar otras tantas. Escribir sobre él es una forma de obligarnos a repasar sus trabajos científicos, sus ensayos, su correspondencia, a separar las anécdotas apócrifas de las que no lo son y, en definitiva, a interpelar al personaje desde la perspectiva de otros ilustres testigos de su tiempo. Cada vez que nos acercamos a Einstein nos exponemos a una de las síntesis más monumentales de todo aquello que nos distingue como especie en el cosmos. Un destilado en el que conviven extremos casi inverosímiles de la experiencia humana. Su sencilla infancia en el seno de una familia de clase media europea contrasta con sus años de fama, cuando se convirtió en una figura pública, cortejada por lo más granado de la escena política, artística y del espectáculo en los Estados Unidos. Su juventud en Alemania y Suiza, en tiempos en los que allí florecía una de las sociedades más extraordinarias de la historia en términos culturales, rebosante de ciencia, arte, filosofía y tolerancia, pero que ante sus propios ojos y en muy poco tiempo se transmutó en el escenario del horror más inconcebible del que tengamos memoria.

Las ideas de Einstein también oscilaron entre extremos de la realidad natural. Desde la existencia de átomos y moléculas, hasta el origen y el devenir del universo en su totalidad, Einstein forjó una buena parte de las ideas más radicales de la física del siglo xx: la misteriosa relatividad del tiempo, la enigmática dualidad onda-partícula que exhiben la luz y el resto de las partículas elementales, la curvatura del espacio-tiempo, la equivalencia entre la masa y la energía, y un larguísimo etcétera. Pero no todas sus ideas gozaron de éxito. Einstein también tuvo sonoras derrotas. Particularmente durante sus últimos veinte años, en los que con obstinación quijotesca persiguió ideas que resultaron inconducentes. Se resistió con vehemencia a una de las nociones de la realidad mejor establecidas, a pesar de que esta surgió de sus propias investigaciones: la naturaleza indeterminista de la Mecánica Cuántica. Mientras una nueva generación de físicos cosechaba una victoria tras otra en este terreno ubérrimo, él optó por un creciente y autoimpuesto exilio.

Einstein era apasionado. Ningún tema le era ajeno. Tenía un humor ácido y un sentido profundo, casi religioso, del valor de la vida, del orden natural y de las posibilidades de la razón; no sólo en la empresa de develar los secretos del universo, sino también en la de conseguir la paz y el bienestar en el mundo. Alegre y dúctil violinista, hábil y apasionado navegante, también tuvo una vida emocional intensa, cosa que queda de manifiesto en su extensa obra epistolar, que constituye una de las páginas más profundamente humanas del siglo pasado.

Para dos físicos teóricos latinoamericanos, a más de un siglo de publicación de las obras más memorables de Einstein y a varios miles de kilómetros de los lugares en los que fueron escritas, puede parecer extraño que su presencia sea tan ubicua, intensa y determinante. Pero es que no sólo su ciencia está presente en nosotros. Su estética, su mirada y su pasión se entrelazan indisolublemente y desde las raíces con el curso de nuestras vidas. Somos, después de todo, inmigrantes judíos en América, fruto de las mismas persecuciones que Einstein experimentó. Es imposible no recordar los relatos de nuestros abuelos —salpicados de la abrumadora crueldad sufrida en tantos rincones de Europa— en las vivencias de Albert Einstein, quien llegó a ser denostado por la comunidad científica alemana, más dispuesta a cavarse su propia tumba que a reconocer la obra del mayor de los talentos que prohijó a lo largo de su historia.

Somos parte de una generación que aún percibe a Einstein como un faro que guía nuestra forma de mirar la ciencia y de transmitirla. Son suyas las ideas que alumbraron la pregunta que ha motivado nuestras carreras y que, como se verá en estas páginas, se ha mantenido por casi un siglo indemne a los embates de varias generaciones de físicos brillantes: ¿cómo es posible compatibilizar la Mecánica Cuántica y la Gravitación? Necesitamos dar una respuesta a este interrogante para entender lo que no sólo todo físico quiere elucidar, sino también cualquier ser humano: ¿cómo tuvo origen el universo? ¿De dónde salió tanta materia, tanta inmensidad, y a qué se deben sus leyes?

Es así como más libros sobre Albert Einstein son necesarios e incluso imprescindibles. Porque Einstein no es finalmente más que un pretexto para hablar de lo que más amamos. De la majestuosidad de la ciencia que lo motivó, de aquella que creó y de la que a partir de esta se gestó, iluminada por su legado. Hablar de él es hablar de la humanidad que hay en la ciencia, idioma universal de nuestra especie. Es también pensar en cuestiones tan dispares como los derechos humanos, los dilemas morales, las capacidades creativas del cerebro, el valor de la derrota, los celos profesionales y hasta las dificultades de la vida conyugal. Einstein es un extracto vital superlativo y no creemos que sea posible que lleguemos a cansarnos de él. Porque hacerlo sería cansarnos de la vida misma.

En este libro no pretendemos ser exhaustivos ni detalladamente biográficos. Los veintitrés textos que lo integran pretenden poner el foco en circunstancias especiales o, como los llamaría Stefan Zweig, «momentos estelares» de su vida y de su obra. Aquellos que nos permiten abordar lo que más nos deslumbra de este personaje y que, creemos y sentimos, se proyecta con mayor claridad en nuestro presente. Einstein construyó catedrales intelectuales de extraordinaria belleza y lo hizo desde las entrañas de la primera mitad del siglo xx, envuelto en sus luces y sus horrores. Sin dejar de ser protagonista y testigo de los tiempos convulsos que le tocaron en suerte, con hondura, humanidad y sabiduría revolucionó nuestra comprensión del universo de manera definitiva.

Quizás sea oportuno subrayar el hecho de que la larga sombra de Einstein se proyecta con inusitada y reconfortante frescura sobre el mundo contemporáneo, habitando los entresijos más insospechados de nuestra realidad cotidiana. Uno de los desarrollos tecnológicos más relevantes de la década de los noventa, del que hoy disfrutamos en cualquier teléfono móvil, es el GPS (las siglas en inglés para referirnos al Sistema de Posicionamiento Global), que hace un uso crucial de su Teoría de la Relatividad General. Asimismo, los últimos meses han visto el nacimiento de una nueva era de la astronomía; aquella que «mira» el universo utilizando ondas gravitacionales, cuya existencia fue predicha por Einstein en 1916 y que sólo pudieron observarse un siglo más tarde, en uno de los esfuerzos tecnológicos más importantes acometidos por nuestra especie.

Esta empresa, que parecía imposible hasta hace pocos años, es un acontecimiento tan importante como el instante en el que Galileo Galilei elevó por primera vez la vista al cielo a través de un telescopio.

Albert Einstein, el hombre y su legado, no ha dejado de sorprendernos jamás. Omnipresente en nuestras aulas, nuestra tecnología y nuestra iconografía, se lo nombra cada día en todos los idiomas, tanto en conversaciones de bar de cualquier punto del planeta, como en comerciales de televisión o en las redes sociales. Pero su presencia universal contrasta tristemente con la distancia que sus fabulosas ideas han tomado con el público. Esperamos que estas páginas ayuden a acercarlas. A llevarlas allí adonde pertenecen: a las mentes inquietas de las mujeres y hombres de nuestro tiempo que estén ávidas por recrearse en la sobrecogedora belleza que atesoran estas ideas y sumergirse en los misterios que, para este personaje irrepetible, constituían lo más hermoso y profundo que un ser humano podría llegar a experimentar.

1

Einstein para perplejos

Con la noche creyó que llegaría la calma. Su cabeza era un revoltijo de ideas descabelladas y dudas que le producían entusiasmo y temor a partes iguales. Llevaba meses sin aceptar que llenaran su copa de vino en las cenas, incluso en aquella gélida noche del 10 de noviembre de 1619. Quería asegurarse de que su pensamiento discurriera sin espejismos. Encendió la estufa del pequeño cuarto que habitaba en los cuarteles de invierno del duque de Bavaria y el calor pronto se hizo agobiante. Estaba inusualmente inquieto.

Desde los inicios de su carrera militar, René Descartes había vivido «visitando cortes y ejércitos, mezclándose con gentes de temperamentos y rangos diversos, y probándose en las situaciones que la providencia le ofrecía»,[1] pero su reciente reencuentro con las matemáticas que había aprendido con los jesuitas agitó su espíritu sin vuelta atrás. Esa noche, envuelto en la sofocante atmósfera de su cuarto, a orillas del Danubio, el joven militar de veintitrés años tuvo una epifanía.

Tres sueños tuvo esa noche, vívidos y plagados de simbolismos que con el correr de los días interpretó como un designio divino que lo guiaba a buscar la verdad. Debía

---

[1] René Descartes, *Discurso del método*, Aguilar, 1968.

abocarse a desentrañar las leyes del mundo natural, aquellas que hasta entonces eran patrimonio de la metafísica, la alquimia y el esoterismo. Disponía para ello de tres certidumbres oníricas: la unidad de las ciencias, la necesidad del lenguaje de las matemáticas y el severo mandato de discriminar con el máximo rigor lo verdadero de lo falso. Descartes había descubierto su vocación y con ella la ciencia moderna adquiría el impulso definitivo.

Unos meses más tarde tuvo un encuentro providencial con el matemático Johannes Faulhaber en la ciudad de Ulm, también bañada por las aguas del Danubio. En estas conversaciones se consolidó en él la certeza de que la geometría debía ser el yunque sobre el que se forjaran las aceradas verdades de la razón.

La tradición de Ulm

Faulhaber le dio la bienvenida con una consigna que era en sí misma una declaración de principios: *ulmenses sunt mathematici*.[2] No podía imaginar Descartes el carácter premonitorio que tomaría esa sentencia doscientos sesenta años más tarde, cuando en la soleada mañana del viernes 14 de marzo de 1879, poco antes del mediodía, Hermann Einstein y Pauline Koch tuvieron a su primogénito en la residencia familiar de la Bahnhofstrasse y lo llamaron Albert. Si bien la familia abandonó Ulm cuando el bebé cumplió un año, la impronta del padre del racionalismo anidó en Albert hasta expresarse en toda su plenitud cuando este gestó su obra maestra, la Teoría de la Relatividad General, que encumbró a la geometría al majestuoso gobierno del universo a grandes escalas.

---

[2] Los habitantes de Ulm son matemáticos.

«Si vas a ser un real explorador de la verdad, es necesario que al menos una vez en tu vida dudes tanto como puedas de todo»,[3] sentenció Descartes. Albert Einstein dudó siempre y fue precisamente su capacidad para cuestionar, aun las cosas que parecían más evidentes, lo que le permitió colonizar territorios intelectuales aparentemente inalcanzables para un ser humano. En su trabajo matemático más importante, Descartes unificó la geometría y el álgebra al describir el espacio mediante las tres rectas o ejes que definen las —hoy llamadas— «coordenadas cartesianas». Su concepción del tiempo era similar a la que Isaac Newton utilizaría unos años después: un torrente que, como el Danubio, avanza para todos de igual forma. «No concebimos la duración de cosas en movimiento como distinta a la duración de las que no se mueven […] podemos entender la duración de todas las cosas con una medida común»,[4] escribió en *Los princi-pios de la filosofía*. Einstein, por supuesto, hizo honor al mandato de Descartes y puso en duda todas las convicciones cartesianas; entre ellas, la naturaleza del tiempo. Trituró las certezas previas sobre la universalidad de su cadencia viéndose obligado, en el camino, a agregar un nuevo eje al espacio cartesiano. El tiempo se integraría a partir de ese instante en un espacio de dimen-sión mayor: el espacio-tiempo.

No deja de ser paradójico que el propio Descartes le mani-festara años más tarde a su amigo y maestro, el filósofo y mate-mático Isaac Beeckman, que había alcanzado el conocimiento perfecto de la geometría —incluyendo una extravagante no-ción de las formas geométricas con más de tres dimensiones— y creyera que podría eventualmente abarcar todo el conocimien-to humano. Esta última sospecha, la aspiración a la totalidad de lo cognoscible, además de ingenua, parece incompatible con su

---

[3] René Descartes, *Los principios de la filosofía*, Losada, 1997.
[4] René Descartes, *Ibíd*.

propio llamado a la duda metódica. Pero la candidez del padre de la filosofía moderna fue aún mayor al afirmar haber llegado al conocimiento perfecto de la geometría. No podía imaginar, ni siquiera remotamente, que el linaje matemático de Ulm acabaría dando a luz a un joven que describiría una geometría del espacio-tiempo que podía curvarse, expandirse, retorcerse, vibrar y hasta desgarrarse.

Esto no es una elegía

La irrupción de Albert Einstein en el universo científico tuvo lugar a los veintiséis años, de un modo al que le queda corto el adjetivo de sobrehumano. Si bien ya había publicado un puñado de artículos en la prestigiosa revista *Annalen der Physik*, lo cierto es que no le resultaron suficientes para alcanzar un puesto académico. El padre de su amigo y ex compañero en la Escuela Federal Politécnica de Zurich, Marcel Grossmann, le consiguió un empleo en la Oficina Federal para la Propiedad Intelectual de Berna como asesor técnico en el otorgamiento de patentes. En este inusual entorno, es probable que el estudio de centenares de invenciones que hacían uso de la electricidad, el magnetismo y la termodinámica haya mantenido encendida su curiosidad, avivando particularmente el fuego de las abstracciones a las que más tarde él llamaría *gedankenexperiment* o «experimento pensado». Un corolario natural de la lectura diaria de planos y proyectos cuya ejecución no tenía —ni tendría— jamás frente a sus ojos.

Publicó cuatro trabajos como único autor en el lapso de seis meses: sobre la naturaleza de la luz, de las moléculas, de la masa, del espacio y del tiempo. Cada uno de ellos significó una revolución científica de tal calado que la única consecuencia razonable habría sido la concesión de cuatro premios Nobel.

Sólo lo recibió por el primero de ellos, «Sobre un punto de vista heurístico concerniente a la producción y transformación de la luz», escrito en marzo de 1905.[5] Einstein dio en este artículo una explicación del «efecto fotoeléctrico» —la generación de corriente eléctrica debida a la incidencia de la luz sobre un metal—, proponiendo la existencia de «partículas» de luz —fotones—, hito fundacional de la física cuántica. Una vuelta de tuerca inesperada tras el abandono de la teoría corpuscular de la luz hacía más de un siglo.

Apenas dos meses más tarde escribió un segundo artículo, «Sobre el movimiento de pequeñas partículas suspendidas en un líquido estacionario, tal como lo requiere la teoría cinética molecular del calor»[6] en el que demostró que un fenómeno observado casi ochenta años antes por el botánico Robert Brown, el movimiento azaroso de partículas pequeñas suspendidas en la superficie de un líquido estacionario, se debía a la agitación térmica de las moléculas que componen el líquido. En aquel momento no había un consenso amplio sobre la existencia real de átomos y moléculas. Muchos físicos pensaban que se trataba de conceptos útiles para comprender el mundo microscópico pero que probablemente no existían. El estudio estadístico de las fluctuaciones de las moléculas hecho por Einstein, junto con la posibilidad de que el resultado del impacto de estas fuera observable al microscopio, aunque ellas en sí mismas no pudieran verse, fue un espaldarazo crucial para la teoría atómica.

Poco más de un mes transcurrió para que este inclasificable empleado de la oficina de patentes de Berna enviara a publicar

---

[5] Albert Einstein, «Über einen die Erzeugung und Verwandlung des Lichtes betreffenden heuristischen Gesichtspunkt», *Annalen der Physik*, vol. 17, 1905, pp.132-148.

[6] Albert Einstein, «Über die von der molekularkinetischen Theorie der Wärme geforderte Bewegung von in ruhenden Flüssigkeiten suspendierten Teilchen», *Annalen der Physik*, vol. 17, 1905, pp. 549-560.

un tercer trabajo que tituló «Sobre la electrodinámica de los cuerpos en movimiento», en el que llegó a la sorprendente conclusión de que la velocidad de la luz en el vacío debía tener un valor universal.[7] Como consecuencia de estas ideas —que más tarde se conocieron como Teoría de la Relatividad Restringida—, la cadencia del paso del tiempo debía ser distinta para observadores en movimiento relativo: lejos del campanario medieval que proporcionaba una hora única o de la imagen cartesiana del río que fluye idénticamente para todos, Einstein proponía que los relojes podrían transcurrir a un ritmo más lento cuanto más rápido se movieran, deteniéndose completamente a la velocidad de la luz. Nadie había tenido jamás una idea tan demencialmente audaz que luego se probara correcta.

En los primeros días de la primavera de 1905, Einstein escribió el cuarto de estos trabajos,[8] en el que aparece por primera vez la fórmula más icónica de la historia de la física: $E = mc^2$. Los principios de la relatividad lo llevaban, casi inexorablemente, a escribir una ecuación que venía a decir que todo cuerpo, por el mero hecho de tener masa, albergaba una energía (que además era) enorme: la letra «c» representa en esta fórmula a la velocidad de la luz en el vacío, casi trescientos mil kilómetros por segundo. Unas décadas más tarde, el propio Einstein contemplaría con estupor, de la peor manera posible, la validez experimental de estas elucubraciones teóricas.

---

[7] Albert Einstein, «Zur Elektrodynamik bewegter Körper», *Annalen der Physik*, vol. 17, 1905, pp. 891-921.
[8] Albert Einstein, «Ist die Trägheit eines Körpers von seinem Energieinhalt abhängig?», *Annalen der Physik*, vol. 18, 1905, pp. 639-641.

Ante la ley

Cualquiera de los cuatro trabajos mencionados habría significado por sí solo la entrada en el panteón de los físicos más ilustres. Los cuatro juntos lo ponían sencillamente a la par de Isaac Newton. Todos habían sido escritos por un joven virtualmente desconocido. Y cuando podría pensarse que había llegado al apogeo de su obra, Albert Einstein escribió las ecuaciones de la Teoría de la Relatividad General, catedral suprema de la historia del pensamiento científico. Como la de cualquier gran monumento, su construcción fue lenta y tortuosa.

Su génesis ocurrió poco después de 1905, ya que Einstein observó que su novedosa concepción del tiempo y el espacio era incompatible con la Ley de la Gravitación Universal de Newton. Así, como el campesino del cuento de Kafka,[9] el asistente técnico de tercera clase de una oficina de patentes se plantó con su puñado de ideas sin respaldo experimental ante las puertas de la Ley que había permitido, a lo largo de más de dos siglos, calcular con exactitud el movimiento de los planetas, la órbita de los cometas y la trayectoria de los proyectiles, las ecuaciones que permitían predecir los eclipses y explicar las mareas. Un jovenzuelo que a duras penas había logrado abrirse paso en el mundillo académico pretendía poner en tela de juicio ni más ni menos que a sir Isaac Newton y lo hacía con argumentos meramente teóricos: la Ley de la Gravitación Universal no podía ser válida simultáneamente para dos observadores en movimiento relativo. Por lo tanto, en salomónica sentencia, Einstein concluyó que no debía ser válida para ninguno de ellos.

---

[9] Franz Kafka, «Ante la ley», cuento publicado en el semanario judío *Selbstwehr* en 1915; reimpreso en el libro *Un médico rural* en 1919 y más tarde incluido en la novela *El proceso*.

La mayor parte de la construcción de la Teoría de la Relatividad General fue un emprendimiento solitario. El momento *eureka* llegó en 1907, cuando Einstein retomó con una nueva mirada algo que Galileo Galilei había pensado algunos siglos antes al observar la caída de distintos objetos arrojados desde las alturas de la torre de Pisa y concluir que, en ausencia de atmósfera, todos caerían al mismo tiempo. «Entonces tuve el pensamiento más feliz de mi vida [...] el campo gravitacional sólo tiene una existencia relativa [...] porque para un observador en caída libre desde el tejado de una casa, [este] no existe. [...] si el observador deja caer algunos objetos, estos permanecerán en reposo respecto a él [...]. El observador, por lo tanto, está en todo su derecho de interpretar su estado como de *reposo*.»[10] Esto es lo que hoy llamamos «principio de equivalencia» y es la piedra fundacional de la Relatividad General.

Todavía tenía por delante ocho años de arduo trabajo. De idas y vueltas; de momentos de confusión y desaliento. Y de golpes de suerte providenciales, como el reencuentro con su viejo amigo Marcel Grossmann, quien le ofreció trabajo en Praga y le explicó en detalle la geometría de espacios curvos que había desarrollado Bernhard Riemann a mediados del siglo XIX, lo que a la postre resultaría crucial para que Einstein pudiera darles forma a sus ideas.

El papel central que pasaba a ocupar la geometría lo devolvía a la senda trazada por Descartes y, fundamentalmente, por otro filósofo que también había tenido algo parecido a una epifanía a los veintitrés años. A esa edad, Baruch Spinoza fue violentamente expulsado del seno de la comunidad judía *Talmud*

---

[10] Albert Einstein, «Fundamental Ideas and Methods of the Theory of Relativity, Presented in their Development», manuscrito fechado el 22 de enero de 1920 y publicado en: *The Collected Papers of Albert Einstein. Vol. 7: The Berlin Years: Writings 1918-1921*, Princeton University Press, 2002.

Torah, a la que pertenecía junto con su familia de orígenes gallego-portugueses. Las causas fueron diversas. En esencia, su libertad de pensamiento era intolerable para una comunidad que había escapado al largo y poderoso brazo de la Inquisición y extremaba las precauciones para no perturbar la inédita tolerancia religiosa que se vivía en Amsterdam. Su particular versión de Dios como mera sustancia del universo natural y sus continuas disputas con las autoridades comunitarias, llevaron a estas a condenar a Spinoza con una dureza inusitada: «Que su nombre sea borrado de este mundo [...] Sabed que no debéis tener con él comunicación alguna, ni oral ni escrita, ni hacerle ningún favor, ni permanecer con él bajo el mismo techo, ni acercársele a menos de cuatro codos, ni leer cosa alguna por él escrita».[11]

En 1661, casi un cuarto de siglo después de que Descartes publicara en Leiden *El discurso del método*, Spinoza se fue a vivir a Rijnsburg y aprovechó la cercanía de, justamente, la Universidad de Leiden para tomar clases, beneficiándose del vigor que allí tenían las matemáticas. Comenzó a escribir su demostración geométrica de *Los principios de la filosofía* de Descartes, convencido de que las matemáticas brindaban el lenguaje universal para lidiar con los aspectos eternos del mundo: «No supongo haber encontrado la mejor filosofía pero sé que comprendo la verdadera filosofía. Lo sé del mismo modo en que sabemos que los tres ángulos de un triángulo son iguales a dos ángulos rectos. Que esto es así no será desmentido por nadie cuyo cerebro esté en buenas condiciones y que no sueñe con malévolos espíritus que nos inoculen ideas falsas que parecen verdaderas; ya que la verdad se revela a sí misma y a la falsedad».[12] Ironías de la historia de la cultura, en el siglo XIX se

---

[11] Steven Nadler, *Spinoza: A Life*, Cambridge University Press, 2001.
[12] Baruch Spinoza, carta a su discípulo Albert Burgh, escrita en La Haya a finales de 1675, en: *The Chief Works of Benedict de Spinoza*, George Bell and Sons, 1901.

comprendería que no siempre la suma de los ángulos del triángulo resulta ser ciento ochenta grados y quien exprimió este resultado hasta comprender que allí se escondía el secreto de la fuerza de gravedad, fue el más spinoziano de los científicos del siglo XX: Albert Einstein.

RELATIVIDAD GENERAL

En los primeros días de noviembre de 1915 Einstein le escribió a su hijo de once años, Hans Albert —quien se había ido a vivir unos meses antes a Zurich con su pequeño hermano Eduard y su mamá, Mileva Marić—: «Acabo de terminar uno de los más espléndidos trabajos de mi vida; cuando seas grande te hablaré de él».[13] Cada jueves de ese mes se habría de presentar ante los miembros de la Academia Prusiana de Ciencias en Berlín para exponer sus ideas sobre la fuerza de gravedad. El jueves 18 demostró que era capaz de dar cuenta de una anomalía sutil que presenta la órbita de Mercurio y que podía considerarse como la única observación astronómica que desafiaba a la Ley de la Gravitación Universal. Y una semana más tarde, en uno de los momentos estelares de la historia de la humanidad, Einstein escribió por primera vez las ecuaciones de lo que a partir de ese momento se denominaría Teoría de la Relatividad General. En ella, la gravedad no era más que el efecto que produce la curvatura del espacio y el tiempo.

La Relatividad General predice algunos fenómenos que difieren drásticamente de aquellos que se desprenden de la teoría de Newton. Según ambas, la luz debe curvarse al pasar cerca

---

[13] Albert Einstein, carta a Hans Albert Einstein, en: *The Collected Papers of Albert Einstein, Vol. 8: The Berlin Years: Correspondence 1914-1918*, Princeton University Press, 1998.

de un cuerpo masivo como una estrella, pero esta deflexión en la teoría de Einstein es dos veces mayor que en la de Newton. Aprovechando el eclipse total de Sol del 29 de mayo de 1919, una expedición encabezada por Arthur Eddington comprobó que, en efecto, esto ocurría. Einstein se convirtió de inmediato en una suerte de deidad planetaria, con tan sólo cuarenta años. Sacudido por el atrevimiento de un antiguo empleado de la oficina de patentes, el imperio de Newton se desplomó estruendosamente.

La Teoría de la Relatividad General cambió la historia de la física para siempre y sigue siendo hasta nuestros días una de las fuentes más importantes de nuevos descubrimientos, nuevos misterios e incluso nueva tecnología. Se deduce de esta teoría, por ejemplo, que el tiempo no transcurre al mismo ritmo en todos lados: su devenir es más lento cuanto mayor es la gravedad. Esto se pudo demostrar en vida de Einstein, aunque la confirmación definitiva llegó poco después de su muerte. Jamás habría imaginado que unas décadas más tarde cientos de millones de personas comprobarían a diario este efecto al utilizar el GPS, cuyo funcionamiento preciso demanda tener en cuenta la cadencia distinta de nuestros relojes y aquellos que están en los satélites utilizados para triangular nuestra posición. ¿Quién habría tenido el atrevimiento de soñar hace cien años que la Relatividad General sería fuente de inversiones tecnológicas por decenas de miles de millones de dólares? Podemos disfrutar que nuestro teléfono móvil nos informe con fantástica precisión el lugar en el que nos encontramos sobre el globo terráqueo. Una magia que nos aturde y maravilla, capaz de insinuarnos en un atisbo fugaz la majestuosidad de la teoría que la sustenta.

Aun si no nos interesara alcanzar una comprensión profunda de la teoría de Einstein, no podríamos dejar de maravillarnos con sus predicciones. Podemos calcular la posición observada de las estrellas cercanas al Sol durante un eclipse, o la hora exacta a la que este tendrá lugar. Comprender hasta el último detalle las órbitas planetarias, o los efectos provocados por los agujeros negros en las observaciones astronómicas del centro de la Vía Láctea. Recrearnos con efectos ópticos producidos por sistemas estelares que hacen las veces de lentes gravitacionales, o comprobar efectos tan asombrosos como la ralentización de la luz al pasar cerca de una estrella. La Relatividad General nos brinda una lectura nueva y refrescante de los misterios del cosmos.

Metafísica cordobesa en pocas palabras

Es extraño, sin embargo, que de un modo u otro las teorías de Einstein y, en particular, la Relatividad General, patrimonio inmaterial de la humanidad, sean apenas conocidas. Más allá del pequeño grupo de físicos que trabajan en el área, son muy pocas las personas que han tenido la fortuna de sumergirse con alguna profundidad en las ideas de Albert Einstein. Para algunos esto no es más que una consecuencia indeseada del grado de especialización que rige en los tiempos modernos, responsable de que las disciplinas divergieran hasta el punto de que ya casi nadie pueda tener una visión más o menos completa del conocimiento humano. Mucho menos ser capaz de realizar aportaciones a disciplinas diversas, cual Leonardo da Vinci de nuestra era. Pero la verdad es muy distinta.

El cordobés Moshé ben Maimón, Maimónides, uno de los más grandes pensadores judíos de la historia, nos relataba hace más de ocho siglos en su *Guía de los perplejos* por qué no era posible comenzar la instrucción estudiando metafísica. Para él era claro que si preguntamos a cualquiera si le gustaría conocer «lo que son los cielos, cómo tuvo lugar la creación del mundo, cuál es su designio, cuál la naturaleza del alma y otras muchas cuestiones»,[14] la respuesta sería afirmativa. Pero querría saberlo en pocas palabras y sin dilación. Se «negaría a creer que haya menester estudios preparatorios e investigaciones perseverantes».[15] Sin embargo, «el que quiera alcanzar la perfección humana tendrá que estudiar primero lógica, luego las diversas ramas de las matemáticas, por el orden adecuado, después la física y por último la metafísica».[16] Aunque el conocimiento del que hablaba Maimónides se refería a la teología judía y no a una disciplina científica tal como la entendemos ahora, es curioso que ya en la Edad Media se entendiera perfectamente que había «textos prohibidos» para el público general. Esta prohibición —aclaraba el propio Maimónides— no era fruto de la ocultación, de intentar esconder la sabiduría para dejarla en manos de unos pocos. Era consustancial a la ineludible necesidad de una preparación minuciosa y disciplinada para poder acceder a ella.

Para comprender la Relatividad General son estrictamente necesarios varios años de estudio. Así, aunque se reparta gratuitamente impresa en octavillas, esta teoría se transforma en una obra prohibida para aquellos que —y no hay reproche en esta frase— no dedicaron su vida a las ciencias físicas. Su belleza inigualable y despojada, como la de tantas otras obras cumbres del pensamiento, quedará reservada para los pocos que estén dispuestos a emprender la aventura. Del mismo modo en que sólo puede disfrutar de la vista que ofrece la cima del Everest quien haya hecho el esfuerzo de subirlo. Algunas nociones pueden ser transmitidas, claro está. Maimónides decía que «si no nos hubieran transmitido ningún conocimiento por medio de la tradición, si no nos hubieran enseñado por medio de símiles, la

---

[14] Maimónides, *Guía para perplejos*, Pardes Publishing House, 1904.
[15] *Ibíd.*
[16] *Ibíd.*

mayoría de la gente moriría sin saber si hay o no Dios».[17] Cambiemos una verdad medieval incontrastable que responde a la pregunta de «si hay o no hay Dios» por cualquier afirmación que resulte de la aplicación rigurosa del método científico, y comprenderemos el valor que tiene la divulgación de la ciencia para consolidar una cultura en la que pueda existir el rigor del pensamiento sin la necesidad de coronar antes el Himalaya.

El saber vive en la cima de una montaña escarpada. Alcanzarla requiere tiempo y perseverancia. Una vez allí, los pases mágicos dejan de serlo. En una oportunidad el rabino de Brooklyn preguntó a Einstein sobre la relación de la Teoría de la Relatividad y la obra de Maimónides. «Desafortunadamente, nunca he leído a Maimónides»,[18] contestó el físico con admirable honestidad intelectual. La misma que lo llevó a emprender una nueva aventura, la de leer los textos del sabio medieval. Años más tarde aceptó una invitación para hablar en un homenaje a este. Tras destacar que el pensamiento de Maimónides está en el corazón de la cultura europea, en la que también anidó la serpiente del nazismo, Einstein, consciente de estar frente a otro hacedor disciplinado y riguroso de catedrales del intelecto, se despidió de él con palabras cómplices: «Pueda esta hora de recuerdo agradecido servir para fortalecer dentro de nosotros el amor y la estima en los que guardamos los tesoros de nuestra cultura, ganados en tan amarga batalla. Nuestra lucha por preservar esos tesoros frente a los poderes actuales de la oscuridad y la barbarie no puede menos que traer la luz del día».[19]

---

[17] Ibíd.

[18] Albert Einstein, *Brooklyn Daily Eagle*, 20 de septiembre de 1930.

[19] Albert Einstein, *Essays in Humanism*, Philosophical Library, 1950.

2

Esa belleza intangible

La ciencia es un modo de leer la Naturaleza entre líneas. De ver más allá de aquello que está a mano. De navegar fuera del Sistema Solar y de nuestra galaxia sin movernos de casa. De viajar al pasado del planeta y revivir en nuestras mentes el andar de manadas de animales extintos hace millones de años. O incluso de trasladarnos al ardiente instante en que todo comenzó con la violenta expansión de un amasijo de materia a la que llamamos *Big Bang*.

También podemos amplificar una pequeña gota de agua para contemplar la vida de diminutos seres microscópicos o, aún más, para disfrutar de la estructura misma de la materia con sus átomos flotando dispersos en un vacío abismal, provistos de sus modestos núcleos y una gran nube de etéreos electrones. Hoy, estos paisajes intangibles nos resultan familiares gracias a una larga historia de hallazgos e ideas científicas que comenzaron hace pocos siglos y que fueron, trazo a trazo, dibujando la imagen que tenemos de nuestro universo en distintos lugares, escalas y épocas.

LA MIRADA DIRECTA

En ocasiones, nuevos retazos del mundo natural se nos ofrecen generosos a través de una mirada directa. Aunque el ojo desnudo no sea suficiente, podemos apoyarnos en los ingeniosos instrumentos que acompañaron el desarrollo de la ciencia. El siglo XVII fue testigo de dos ejemplos notables. Primero, el de Galileo Galilei, quien a partir de 1610 comenzó a observar el cielo con un telescopio que él mismo había fabricado. Así fue como encontró lunas en Júpiter y montañas en nuestra Luna. También notó que la Vía Láctea, esa franja nebulosa de luz que atraviesa el cielo nocturno y que —hoy sabemos— marca el plano de nuestra galaxia, estaba hecha de un montón de estrellas individuales. Con su telescopio, Galileo fue el primero en correr el velo de las maravillas escondidas en el cielo.

De un modo similar, sesenta años más tarde, el comerciante textil holandés Anton van Leeuwenhoek mostró por primera vez la existencia de microorganismos, utilizando un microscopio construido por él mismo. Los dominios galácticos y microbiológicos pasaron a formar parte de nuestro paisaje gracias a las lentes fabricadas por estos dos pioneros de la exploración, héroes definitivos de nuestra especie.

Hay otras ocasiones, sin embargo, en las que el dibujo se construye de un modo mucho menos directo. El pensamiento sustituye en buena parte a los instrumentos, convirtiendo a la imaginación y a la lógica en los pinceles que permiten delinear desde el grueso bosquejo hasta el trazo fino del retrato del universo a partir de pistas mucho más sutiles. Por ejemplo, casi dos siglos después de que van Leeuwenhoek se encontrara con la existencia de microorganismos, el médico inglés John Snow detuvo un grave brote de cólera en el Soho londinense deduciendo, a partir de la distribución geográfica de las víctimas, que la enfermedad se contagiaba a través del agua corriente. Poco después, Louis Pasteur mostraría que algunas de estas minúsculas criaturas eran responsables de muchas enfermedades y que, contra la creencia de la época, no se producían por generación espontánea. Y diseñó una estrategia para combatir a estos agentes patógenos que observaba al microscopio: la vacunación.

Cuando se le presentó un paciente que había contraído la rabia, Pasteur aplicó la misma estrategia para fabricar la vacuna, a pesar de que nunca pudo observar los microorganismos que presuntamente infectaban los tejidos. Utilizó la imaginación y la lógica, asumiendo que estos existían. Introdujo al agente patógeno en el lienzo de la Naturaleza, aún sin verlo, argumentando que probablemente se trataba de microorganismos demasiado pequeños —la rabia es una enfermedad viral— como para poder verlos con su microscopio. El éxito de la vacuna fue una importante evidencia a favor de sus ideas. Los virus, aunque resultaron ser una clase totalmente distinta de entes biológicos —de hecho, no son organismos vivos—, sólo pudieron observarse directamente con el desarrollo de la microscopía electrónica más de medio siglo después. Siendo más pequeños que las longitudes de onda de la luz visible, jamás se dejarían ver en un microscopio óptico.

ÁTOMOS Y MOLÉCULAS

Quizás no exista un éxito científico intelectualmente más relevante y de implicancias más vastas que la teoría atómica. El que la materia pudiera estar conformada por minúsculos constituyentes elementales es una idea antiquísima, pero el debate científico en torno a ella solo pudo darse a comienzos del siglo XIX, cuando las primeras evidencias comenzaron a hacerse presentes. Las pistas eran extremadamente indirectas, pero suficientemente sólidas como para que el paisaje atómico comenzara a dibujarse en las mentes de muchos científicos.

La audacia de sacar el atomismo de los libros de filosofía para llevarlo a los de ciencia se la debemos a John Dalton, quien en su *Nuevo sistema de filosofía química* afirmó que toda la materia podía reducirse a una veintena de partículas elementales indestructibles que se combinaban para formar todo lo conocido. La existencia de los átomos —hoy conocemos ciento dieciocho elementos distintos— era la respuesta que daba Dalton a un curioso hecho experimental que él llamó «Ley de proporciones múltiples», y que discutiremos con un ejemplo. Si tomamos un gramo de hidrógeno y ocho de oxígeno, podemos crear nueve gramos de agua. Pero con el doble de oxígeno podríamos obtener diecisiete gramos de agua oxigenada. El punto crucial aquí es que no es posible generar otro compuesto usando cantidades intermedias de oxígeno. Distintas sustancias se hacen siempre con un número entero de veces cierta cantidad mínima. Dalton intuyó que esto se debía a que los átomos se combinaban como unidades enteras, indestructibles. Así, dos átomos de hidrógeno se podrían combinar con uno de oxígeno —ocho veces más pesado—, formando H_2O; o dos, formando H_2O_2, pero no con fracciones de este átomo.

Las ideas de Dalton fueron rápidamente adoptadas, aunque más como una herramienta útil para hacer cálculos que como una aceptación de la realidad atómica. Y esto a pesar de que había una segunda evidencia, mucho más antigua, que venía del estudio de los gases. El físico suizo Daniel Bernoulli mostró, en 1738, que la presión que un gas ejerce sobre las paredes del recipiente que lo contiene podía explicarse imaginando que aquél está constituido por pequeños corpúsculos que las golpeteaban incesantemente, de acuerdo a las leyes de Newton. En 1811, el conde italiano Amedeo Avogadro propuso que volúmenes iguales de gases en condiciones idénticas debían contener la misma cantidad de partículas (átomos o moléculas; la distinción, por lo demás, no era muy clara en aquel entonces). En su honor se creó la constante que lleva su nombre, definida inicialmente como el número de átomos de hidrógeno contenidos en un gramo.

Dado que nadie conocía el peso o tamaño de los átomos, este número sólo era una abstracción teórica. Nadie sabía su valor. De hecho, calcular el «número de Avogadro» utilizando la teoría atómica y encontrar un resultado consistente con distintos experimentos y desarrollos teóricos se transformó en sinónimo de la validación de esta. A pesar de que nadie podía —¡ni puede!— «ver» átomos, la teoría atómica se fue consolidando a medida que, a lo largo del siglo XIX, sus consecuencias eran constantemente validadas. En particular, el número de Avogadro comenzó a consensuarse en torno a los seiscientos dos mil trillones, una cantidad enorme que muestra la lejanía inexpugnable de la realidad atómica y molecular. Así como doce huevos son una docena, seiscientos dos mil trillones de átomos son lo que se llama un «mol», número que da una pauta de la cantidad de constituyentes fundamentales contenidos en cualquier porción de materia en la que nos fijemos. Tan difícil de abarcar en nuestra mente como pueden serlo las escalas cósmicas. De hecho, el número de estrellas en todo el universo observable —aquella parte del universo cuya luz ha tenido tiempo de alcanzarnos— es cercano al mol. También en el siglo XIX se estimó el tamaño del átomo en una diez millonésima de milímetro, un tamaño imposible de resolver con microscopios ópticos ya que la longitud de onda de la luz visible es miles de veces mayor: sería como intentar tocar el arpa con guantes de boxeo.

REALIDAD ATÓMICA CUESTIONADA

A pesar de la contundente evidencia en favor de la realidad atómica y molecular con la que se recibió al nuevo siglo, esta seguía encontrando focos de resistencia. Uno de los mayores y a la vez más respetados detractores era el físico y filósofo Ernst Mach. Sus contribuciones a la física son numerosas, aunque su nombre esté hoy más asociado al «número de Mach», que se utiliza para indicar la fracción de la velocidad del sonido con la que se mueve un avión. Mach tenía una visión de la ciencia salpicada de pensamientos filosóficos y pensaba que para atribuir realidad a un ente este debía poder observarse de modo directo; ya sea a través de los sentidos o con la ayuda de instrumentos, pero la observación debía ser directa. En 1910 respondió a las acaloradas críticas que le dedicó Max Planck escribiendo: «Si creer en la realidad atómica es tan crucial para ustedes [los físicos], entonces renuncio a la manera física de pensar; no seré más un físico profesional y dejo atrás mi reputación científica. En resumen, muchas gracias por la comunidad de creyentes, pero para mí la libertad de pensamiento está primero».[20] Mach murió sin aceptar la existencia de los átomos. Para él las teorías científicas eran sólo la síntesis de un conjunto de hechos. Asumir la existencia de estas partículas invisibles era para él llevar el poder de la ciencia demasiado lejos. La ciencia era una poderosa bitácora, pero no una nave que nos pudiese transportar a lugares inexistentes para los sentidos.

Otro renombrado detractor de la realidad atómica fue Wilhelm Ostwald, uno de los más célebres químicos de su época y quien, paradójicamente, acuñó el término «mol». Sus

---

[20] Ernst Mach, «Die Leitgedanken meiner naturwissenschaftlichen Erkenntnislehre und ihre Aufnahme durch die Zeitgenossen», *Scientia*, vol. 8, 1910, pp. 227-240.

críticas apuntaban a aparentes contradicciones entre la existencia de constituyentes fundamentales e indestructibles de la materia y las leyes de la termodinámica. La segunda mitad del siglo XIX vivió un fuerte renacimiento de la teoría cinética, aquella inaugurada por Bernoulli, que consideraba a los fluidos como grandes aglomeraciones de moléculas que se mueven, colisionando entre ellas y contra las paredes del recipiente que las contiene. Su apogeo fue impulsado por Ludwig Boltzmann quien en 1872, a través de una célebre ecuación que luce su lápida en Viena a modo de epitafio, mostró que no sólo la presión, sino toda la termodinámica era el resultado del movimiento de átomos y moléculas. Si bien estas obedecerían individualmente las leyes de la mecánica, en grandes cantidades, cuando lo que nos interesa son las propiedades grupales (presión, temperatura, energía total, entropía), la termodinámica emerge naturalmente como resultado del análisis estadístico. Esto es similar a lo que ocurre cuando medimos las características macroeconómicas de una sociedad, en donde la situación particular de cada individuo es irrelevante y el foco está puesto en los promedios, puesto que nos interesa estudiar la sociedad como un todo. Una sentencia atribuida al físico y poeta chileno Nicanor Parra nos pone en guardia contra el imperio de la estadística con su afilada sentencia: «Hay dos panes. Usted se come dos. Yo ninguno. Consumo promedio de pan: uno por persona». Sin embargo, debemos recordar que la cantidad de átomos en cualquier sistema físico de interés está dada por el número de Avogadro, una enormidad que aniquila casi totalmente toda probabilidad de repartos inequitativos.

En una charla impartida en la Sociedad Alemana de Ciencias Naturales y Medicina en 1895, Ostwald emitió su contundente veredicto: «la proposición de que todos los fenómenos naturales pueden reducirse a fenómenos mecánicos no puede siquiera ser tomada como una hipótesis de trabajo útil: es simplemente un error».[21] Afirmaba su punto de vista en confusiones existentes por aquel entonces sobre el alcance de la segunda ley de la termodinámica. A diferencia de Mach, sin embargo, Ostwald terminó aceptando la existencia de los átomos. En la introducción a su *Compendio de Química General* describió las nuevas evidencias que lo llevaron a concluir que «La hipótesis atómica es, por lo tanto, empujada a la posición de una teoría científicamente bien fundada y puede reclamar su lugar en un texto introductorio sobre el estado actual de la química general».[22] Lo que convenció a Wilhelm Ostwald —tanto como para convertirse en el primero en proponer el nombre de Einstein para el premio Nobel de Física— y a casi cualquier disidente que aún porfiara al final de la primera década del siglo XX fueron los experimentos de Jean Baptiste Perrin, en 1908, que confirmaron las predicciones que Einstein había realizado tres años antes sobre lo que se conoce como el «movimiento browniano».

EINSTEIN Y LAS MOLÉCULAS

En 1827, el botánico Robert Brown había hecho una inquietante observación. Al estudiar partículas de polen flotando sobre agua estacionaria, notó que estas se movían de forma errática, como si fuesen organismos vivos nadando nerviosamente en la superficie. Descartado cualquier indicio de vida, el origen de esa agitación resultaba un misterio. Debía ser producto de alguna forma de movimiento del agua, aunque el mecanismo preciso era fuente de controversia. El mismo Boltzmann,

---

[21] Walter Isaacson, *Einstein: his Life and Universe*, Simon and Schuster, 2008.

[22] Wilhelm Ostwald, en el prefacio a la cuarta edición de *Grundriss der allgemeinen Chemie*, Engelmann, Leipzig, 1909.

respondiendo una crítica a la teoría cinética, escribió en 1896: «el movimiento que se observa en partículas muy pequeñas en un gas debe ser el resultado de la presión ejercida en su superficie por este, a veces un poco mayor, otras un poco menor».[23] Como muchos otros, tenía una idea intuitiva de lo que debía de estar sucediendo en el caso de los granos de polen en el agua: estarían siendo permanentemente bombardeados desde todas las direcciones por las partículas de las que habla la teoría cinética, las moléculas del líquido. En efecto, por muy quieta que se encontrara el agua, sus moléculas siempre se estarían agitando por efecto de la propia temperatura, golpeando y empujando el grano de polen en un movimiento aleatorio.

Fue Einstein, sin embargo, el primero que tuvo el genio y la creatividad para llevar estas ideas a un cálculo preciso en términos de cantidades pasibles de ser medidas en un laboratorio. El artículo fue publicado el 18 de julio de 1905 en la revista *Annalen der Physik* bajo el explícito título «Sobre el movimiento de pequeñas partículas suspendidas en un líquido estacionario, tal como lo requiere la teoría cinética molecular del calor». El cálculo, notable por su ingenio y elegancia, además de demostrar que el movimiento browniano podía ser fruto de la agitación térmica de moléculas que forman el líquido y cuyo tamaño se podía establecer, permitía encontrar el número de Avogadro conociendo parámetros que se podían medir, tales como el tamaño de las partículas suspendidas, la distancia promedio que estas se desplazaban luego de cierto tiempo y la viscosidad del agua. Einstein no tenía datos de experimentos como ése y en la última frase de su artículo invitó abiertamente a que otros se abocaran a realizarlos: «¡Esperemos que algún investigador tenga éxito pronto en

---

[23] David Lindley, *Uncertainty: Einstein, Heisenberg, Bohr, and the Struggle for the Soul of Science*, Knopf Doubleday Publishing Group, 2008.

resolver el problema que aquí se plantea y que es tan importante en conexión con la teoría del calor!».[24] Jean Baptiste Perrin fue aquel investigador. Logró la precisión experimental necesaria para medir el número de Avogadro usando las ideas de Einstein y encontró perfecto acuerdo con el valor aceptado en ese entonces, dando un respaldo definitivo a la teoría de los átomos y las moléculas. Esto le valió, por cierto, el premio Nobel de Física en 1926 «por su trabajo sobre la estructura discontinua de la materia».[25] No parece descabellado aventurar que Albert Einstein mereció haber compartido el galardón.

LOS ETERNOS CAMPOS DE INTANGIBILIDAD

A pesar de que la realidad atómica era ya un hecho bien establecido para muchos en la época en que Einstein explicó teóricamente el movimiento browniano, hay un efecto psicológico importante que no puede pasar desapercibido. En este fenómeno «vemos» a las moléculas de agua en el sentido más directo posible, a través de sus efectos. Las partículas de polen, en efecto, se menean de un modo que sólo la realidad de las moléculas puede explicar. Y este movimiento lo podemos observar con nuestros propios ojos a través de un microscopio sencillo. La agitación invisible de las moléculas de agua se amplifica al traducirse en la rabiosa danza de una partícula de polen que se ofrece a nuestros ojos a través de una lente.

---

[24] Albert Einstein, «Über die von der molekularkinetischen Theorie der Wärme geforderte Bewegung von in ruhenden Flüssigkeiten suspendierten Teilchen», *Annalen der Physik*, vol. 17, 1905, pp. 549-560.
[25] *The Nobel Prize in Physics 1926*. En: nobelprize.org (*online*).

Actualmente existen microscopios capaces de captar imágenes de átomos individuales. Incluso podemos manipularlos y escribir con ellos. En 1989 la compañía IBM logró imprimir su logotipo utilizando treinta y cinco átomos de xenón, en una imagen icónica de la realidad atómica. Por supuesto, aquí la palabra «imagen» no es exactamente lo que los fundadores de la microscopía habrían pensado. Es la construcción que realiza un computador con datos provenientes de un microscopio que no utiliza luz sino que detecta pequeñas corrientes eléctricas mientras una aguja conductora recorre la superficie observada. Se trata de imágenes que requieren procesamiento; es decir, requieren la intervención del conocimiento teórico. Lo mismo, por cierto, ocurre con la inmensa mayoría de los telescopios contemporáneos, que reconstruyen imágenes imposibles de observar utilizando nuestros ojos.

Parece existir un continuo de fenómenos, desde los más directos que el cerebro procesa con los datos que recibe de nuestros sentidos hasta las construcciones más abstractas, que surgen de un puñado de pistas y que organizan mentes privilegiadas capaces de dibujar el paisaje cósmico a partir de observaciones cada vez más indirectas. El siglo XIX fue testigo de los primeros esbozos de este tipo, como la realidad atómica aquí discutida y la del campo electromagnético, al que nos referiremos a continuación. El siglo XX trajo consigo abundantes casos de realidades cada vez más lejanas a nuestra intuición y a nuestros sentidos. Einstein mismo sumó a este imaginario, entre tantas cosas, la deducción teórica de la partícula de luz, a la que luego seguirían un sinnúmero de exóticas partículas subatómicas. También surgió el relato de la cosmología, contándonos la historia de un universo que nació hace casi trece mil ochocientos millones de años. La única forma de hacernos una imagen fidedigna de aquello que ocurrió y, presumiblemente, no volverá a repetirse es a través del ejercicio riguroso de la deducción y el razonamiento.

Hoy en física encontramos teorías elegantes que nos presentan el dibujo de un universo fantástico: supersimetría, supercuerdas, inflación, gran unificación. Todas ellas resuelven parte de los problemas de la física contemporánea, abriendo a su vez otros. Quizás con el tiempo la realidad de algunas se asiente, pasando a integrar el maravilloso lienzo en el que la ciencia despliega su imagen del mundo natural. Otras pasarán al olvido. Porque como sucede con cualquier dibujo, la prolijidad demanda desechar bocetos y estar siempre atentos a errores, con el borrador a mano para corregir el rumbo. La ciencia es particularmente exigente e implacable en su constante y estricta revisión. Einstein mismo abolió el éter, hipotético medio por el que se suponía viajaba la luz, también en 1905. Lo desterró de nuestro panorama universal. La realidad intangible del majestuoso paisaje atómico, en cambio, se quedó con nosotros. Al parecer para siempre.

3

Fuegos empíreos sobre Hyde Park

Amaneció. La oscuridad comenzó a ceder lentamente dando paso a un magnífico lienzo de un azul profundo, aclarándose hacia el horizonte en una paleta de fulgores anaranjados y violetas. Un hombre contemplaba este espectáculo desde la inmensidad de Hyde Park. Había pasado la noche en vela, completando unos cálculos cuyos resultados lo tenían en estado de éxtasis y aturdimiento. Lo embriagaba la sospecha de haber completado un proyecto de una década, abierto por aquel ensayo «Sobre las líneas de fuerza de Faraday» que presentara en la Sociedad Filosófica de Cambridge cuando tenía sólo veinticuatro años.

Salió de su casa de Palace Gardens Terrace y caminó largos minutos con la mente ausente. Repasó con el corazón palpitante cada una de las palabras que su admirado Michael Faraday le había escrito o dicho alguna vez, y eso le infundió la confianza que no era capaz de encontrar en sus propios razonamientos. Levantó la vista hacia el amplio horizonte que ofrecía ese rincón de Londres y se preguntó, como quien no sabe si está despierto o envuelto en la confusión de la duermevela, si sería cierto que acababa de desvelar la íntima naturaleza de la luz.

Con el paso de los minutos el cielo fue tomando el color celeste de un dibujo infantil. Otros transeúntes se regocijaban con el espectáculo de esa hermosa mañana. Nadie, sin embargo, podía verlo como James Clerk Maxwell. El escocés no solo veía el resplandor mágico de la luz del alba. Frente a sus ojos, el espacio se presentaba como una maquinaria de engranajes invisibles que daban sustento a lo que Faraday y él llamaban «campo electromagnético». A pesar de que entre el Sol que se asomaba en el horizonte y sus ojos no se interpusiera más que la atmósfera terrestre, Maxwell tenía excelentes razones para pensar que debajo de esta apariencia inocente yacía una gigantesca red invisible compuesta por un fluido que llenaba el universo y se arremolinaba en pequeños vórtices que actuaban mecánicamente, cual engranajes, a través de sus tensiones y esfuerzos, provocando todos los fenómenos eléctricos y magnéticos observables.

Pero las ecuaciones con las que estaba trabajando arrojaban, además, un resultado estremecedor: «La velocidad de las ondulaciones transversas de nuestro medio hipotético [...] concuerdan tan exactamente con la velocidad de la luz calculada en los experimentos de M. Fizeau, que difícilmente podamos evitar inferir que la *luz consiste en las ondulaciones transversas del mismo medio que causa los fenómenos magnéticos y eléctricos*».[26] Así, la atmósfera encendida que daba al cielo esos hermosos colores debía ser el resultado de ondas que se propagaban a través de este medio conjetural: ondas electromagnéticas emitidas desde la superficie ardiente del Sol. Vibraciones que viajaban por un lapso de ocho minutos a una velocidad de casi trescientos mil kilómetros por segundo a través de ese fluido invisible que ahora sólo él veía con claridad.

«Vengo de los fuegos empíreos / desde espacios microscópicos / donde las moléculas con feroces deseos / tiemblan en abrazos ardientes. / Los átomos chocan, los espectros resplandecen [...]»,

---

[26] James Clerk Maxwell, «On Physical Lines of Force», *Philosophical Magazine*, vol. 90, 1861, pp. 11-23.

escribía Maxwell en un poema dedicado a Peter Tait, uno de los padres de la termodinámica.[27] El lugar de los fuegos empíreos era, desde Aristóteles, el del cielo etéreo; es decir, donde se encontraba el éter. ¿Acaso el fluido invisible del que hablaba Maxwell?

MODESTIA APARTE

Cuatro años más tarde, Maxwell publicó su obra culmen, *Una teoría dinámica del campo electromagnético*,[28] en la que por primera vez aparecen juntas las ecuaciones que hoy llevan su nombre. El calado de su revolucionario trabajo era tan hondo que no fue comprendido hasta más de una década después. Ni siquiera él alcanzó a darse cuenta del impacto de su obra. Pocas dudas caben en la actualidad de que este es el trabajo científico más importante del siglo XIX, a la par de *El origen de las especies*, de Charles Darwin. El 1 de enero de 1865 se hizo la luz y la historia de la ciencia experimentó un vuelco extraordinario, crucial para que los descubrimientos se sucedieran a un ritmo vertiginoso desde entonces hasta nuestros días.

Fueron dos los escollos que inicialmente dificultaron la difusión de las ecuaciones de Maxwell. Por una parte, su teoría era matemáticamente complicada, fuertemente influida por la forma británica de hacer ciencia por aquel entonces, en la que imperaban los modelos mecánicos y basados en la dinámica de fluidos. Esclavo de su tiempo, intentó formular su teoría en este lenguaje, complicándola mucho más de lo necesario. Incluso en su reformulación de 1865, en donde ya prescindió de

---

[27] James Clerk Maxwell, «To the Chief Musician upon Nabla: A Tyndallic Ode», en Lewis Campbell, *The Life of James Clerk Maxwell*, Macmillan, 1882, pp. 634-636.
[28] James Clerk Maxwell, «A Dynamical Theory of the Electromagnetic Field», *Philosophical Transactions of the Royal Society London*, vol. 155,1865, pp. 459-512.

los vórtices y sus interacciones mecánicas explícitas, Maxwell escribía: «Tenemos, por lo tanto, razones para creer, a partir de los fenómenos de la luz y el calor, que existe un medio etéreo que llena el espacio y permea los cuerpos, pasible de ser puesto en movimiento y de transmitir este movimiento de un sitio a otro».[29] Y es que todas las ondas conocidas hasta entonces se propagaban en medios materiales; las olas en el agua, el sonido en el aire, los sismos en la roca. ¡La luz no debía ser una excepción! Suponer que lo fuera representaba un salto conceptual impracticable en el siglo XIX, por lo que Maxwell adoptó el mitológico éter, que ya formaba parte de las teorías de la luz de la época; esa sustancia invisible y omnipresente que se movía, vibraba y transportaba energía en forma de luz.

En segundo lugar, y peor aún, ni siquiera Maxwell, un hombre de inhumana modestia, le daba a sus ideas la importancia que merecían, por lo que no emprendió su difusión con mayor convicción. En su famoso discurso presidencial en la Asociación Británica para el Avance de la Ciencia de 1870, teniendo una oportunidad inmejorable de comunicar su hallazgo desde tan prestigioso púlpito, Maxwell casi no habló de su revolucionaria teoría electromagnética. Se refirió a ella, tangencialmente, como «otra teoría de la electricidad que yo prefiero».[30] No hubo más palabras para persuadir al auditorio de que no sólo no era una teoría más, sino que era la única capaz de dar cuenta de todos los fenómenos electromagnéticos que se observaban hasta entonces, unificando la electricidad, el magnetismo y la luz.

---

[29] *Ibíd.*

[30] James Clerk Maxwell, discurso presidencial de la Sección de Matemática y Física de la Asociación Británica para el Avance de la Ciencia en 1870. En: Freeman Dyson, «Missed Opportunities», *Bulletin of the American Mathematical Society*, vol. 78, 1972, pp. 635-652.

Maxwell dedicó la mayor parte de su discurso a ponderar la teoría de William Thomson —más adelante conocido como lord Kelvin— sobre los átomos y moléculas, en la que se sugería que estos podrían no ser más que remolinos de éter. De este modo se pretendía dar cuenta de la estructura interna que comenzaba a deducirse del estudio de las reacciones químicas y del análisis de la luz que emitían las distintas sustancias. El hecho de que él mismo hubiera prescindido de los vórtices de éter y ponderara su uso —aunque fuera de un modo diferente— por parte de quien era el físico más influyente de la época, parece subrayar su modestia. No podemos descartar, sin embargo, que sus palabras estuvieran salpicadas por algunas gotas del más fino sarcasmo.

CONTIGO EN LA DISTANCIA

Bajo el paraguas de la humilde presentación de su teoría como si fuera de otro, Maxwell dio cobijo a una idea sutil y revolucionaria: «Otra teoría de la electricidad que yo prefiero, niega la acción a distancia y atribuye las interacciones eléctricas a tensiones y presiones de un medio que todo lo llena [...] en el que se supone que la luz se propaga».[31] De este modo subrepticio deslizaba una de sus contribuciones más importantes, la de acabar definitivamente con la «acción a distancia», tácita y omnipresente desde los tiempos de Newton y siempre bajo sospecha.

La Gravitación Universal, por ejemplo, era una teoría en la que dos objetos lejanos, digamos la Tierra y la Luna, se atraían a través del espacio sin tocarse, privados de mensajero o mediador. La sola existencia de la Tierra afectaba el movimiento de

---

[31] *Ibíd.*

la Luna y viceversa, sin que resultara claro cómo sabían la una de la existencia de la otra. Lo mismo ocurría con las fuerzas eléctricas o magnéticas. Cargas eléctricas o imanes se atraían o repelían como si de manera instantánea «supieran» de la mutua presencia. Esto era difícil de entender. Algo debía ser responsable de servir de mediador en estas interacciones.

Fue Faraday el primero en discutir esto en relación a las fuerzas electromagnéticas. Al espolvorear limaduras de hierro cerca de un imán, estas se orientan formando líneas. Faraday las llamó «líneas de fuerza» y pensó en la posibilidad de que tuvieran una existencia real, independiente de los objetos que se colocaran sobre ellas (como, por ejemplo, las limaduras de hierro). Imaginó que estas líneas de fuerza ocupaban el espacio disponible como podía hacerlo un gas en un recipiente. Pero no tenía los conocimientos matemáticos que le permitieran ir más lejos; el físico experimental más relevante del siglo XIX fue un autodidacta genial y su base matemática era frágil. Tampoco disponía de las ecuaciones correctas. El pensamiento de Maxwell es heredero de estas primeras reflexiones en torno a la existencia de un ente real que llena el espacio entre los cuerpos interactuando con ellos.

Las ecuaciones de Maxwell representan la culminación del trabajo de muchos científicos durante los siglos XVIII y XIX. Antes de 1865 se trataba de varias leyes independientes, algunas contradictorias. Maxwell corrigió estas contradicciones y reunió todo en una única estructura coherente. Pero lo más notable es que lo hizo de modo que el énfasis cambiaba de sitio. Ya no eran tan importantes las cargas eléctricas y los imanes. El papel protagónico pasaba a una estructura que habita la totalidad del espacio como las líneas de fuerza de Faraday: el campo electromagnético. Las ecuaciones de Maxwell describen su movimiento y su interacción con la materia. Este cambio de énfasis permite adoptar una nueva perspectiva en la que la predicción de la luz como una onda electromagnética resulta casi evidente. Lo desconocido se puso de manifiesto de un plumazo.

Faraday había demostrado que cuando un campo magnético vibra en el espacio produce campos eléctricos. Maxwell mostró que también era posible crear campos magnéticos agitando campos eléctricos. Como dos niños jugando en un «sube y baja», estos dos campos alternaban el protagonismo de conferirse movimiento mutuamente. En palabras de Frank Wilczek, «De modo que estos campos pueden darse vida el uno al otro, produciendo perturbaciones que se autorreproducen y que viajan a la velocidad de la luz. Para siempre, desde Maxwell, entendemos que estas perturbaciones son la luz».[32]

EL ÉTER HA MUERTO: ¡VIVA EL CAMPO!

El campo electromagnético, ese monumental amasijo de líneas de fuerza invisibles que llenan el espacio, debía tener un sustrato y ése era el éter. Las ecuaciones de Maxwell arrojaban un valor único para la velocidad de la luz. Sin embargo, sabemos que la velocidad depende del observador y el coche que va a ciento veinte kilómetros por hora en la autopista puede verse inmóvil a nuestro lado. ¿Cómo se interpreta, entonces, la peculiar velocidad que resulta de estas ecuaciones? Debía ser la velocidad respecto del éter, dado que era este el que daba sustrato al campo electromagnético. Era la única explicación posible.

Pero si existía un medio cuyas propiedades dinámicas eran responsables de la propagación de la luz, debería poder medirse el «viento» que este producía en el planeta Tierra debido a su

---

[32] Frank Wilczek, *The Lightness of Being: Mass, Ether, and the Unification of Forces*, Basic Books, 2010.

movimiento en torno al Sol, del mismo modo en que la brisa que sentimos al andar en bicicleta nos revela la existencia de la atmósfera. Y así como la brisa es mayor cuando nos movemos contra el viento, la velocidad de la luz medida en nuestro planeta debería variar según la dirección en la que se propaga, debido al «viento de éter» provocado por el movimiento terrestre. A ello se abocaron Albert Michelson y Edward Morley en 1887, en un legendario experimento que utilizó una técnica llamada «interferometría», inventada por el primero —por la que recibió el premio Nobel de física en 1907— sobre la base de una idea ingeniosa y simple. Se envía un haz de luz a un dispositivo óptico que lo divide en dos haces perpendiculares que, tras recorrer una distancia idéntica a lo largo de dos brazos de una imaginaria «L» y reflejarse en sendos espejos, regresan al punto en el que se habían separado para recombinarse y dar lugar a una imagen. Dado que la luz es una onda, con máximos y mínimos, si se propagara más rápido en una dirección, el haz correspondiente llegaría antes al punto de encuentro, produciendo un desajuste perceptible en la intensidad lumínica de la imagen. La velocidad de la luz debía ser máxima cuando se propagara en dirección contraria al movimiento de la Tierra en el éter.

A pesar de la complejidad del experimento, extremadamente sensible a las vibraciones y a los efectos de la dilatación térmica, lo cierto es que funcionó y dio como resultado la total ausencia de cualquier pista que indicara la existencia del viento de éter. La velocidad de la luz parecía ser la misma en todas las direcciones. Una posible explicación era que la Tierra arrastrara al éter en su movimiento, como había sugerido sir George Stokes en 1844, provocando que hubiera una suerte de pátina de éter adherida a su superficie, como ocurre con una pelota de fútbol al moverse en el aire. Para explicar un fenómeno conocido como «aberración estelar», sin embargo, era necesario suponer que el éter estaba quieto. Las piezas no encajaban. Había algo extraño. Algo que demandaría otra revolución intelectual. Maxwell no pudo ser parte de ella ya que murió de un cáncer abdominal cuando tenía cuarenta y ocho años.

La posta de la luz

Pero la historia continuaría a solo mil kilómetros de allí, a orillas del Danubio, en donde una joven pareja se recreaba viendo jugar a su primogénito de poco más de siete meses mientras la tarde llenaba el cielo de untuosos colores. El pequeño Albert había llegado al mundo justo a tiempo para recoger la posta lumínica dejada por Maxwell. Con apenas dieciséis años se imaginó intentando alcanzar un rayo de luz. Corriendo tan rápido que fuera capaz de ver el campo electromagnético mientras oscilaba, en reposo, a su lado. Esta posibilidad le pareció absurda. La luz debía verse igual, sin importar el estado de movimiento desde el que se la observara. Diez años después llegó a la convicción de que la existencia del éter no era en absoluto necesaria. El campo electromagnético era en sí mismo un ente fundamental, un protagonista excluyente del universo físico que podía sostenerse sin necesidad de medio alguno.

Maxwell concibió el concepto de campo, también intuido por Faraday, pero no se permitió apostar por él como algo primordial. Siempre quiso verlo con los anteojos de la época, enceguecido por la mecánica de Newton. Por ello apostó por el éter, como todos sus contemporáneos, y tuvo que ser Einstein quien pulverizara esta posibilidad poniendo de relieve el estatus singular y elegante del concepto de campo. El universo físico está poblado por diversos campos que, como el electromagnético, permean el espacio. Toda la física moderna descansa en esta idea que, de tan luminosa, encegueció a su creador.

La abolición del éter impulsó a Einstein a poner en duda ideas que habían permanecido siglos sin ser cuestionadas, llevándose por delante algunas de las convicciones más profundas del pensamiento de la época. Habría que modificar nuestra comprensión sobre la naturaleza del tiempo y del espacio. Así nació la Teoría de la Relatividad Restringida.

4

Luz y tiempo

El tiempo y su irrefrenable paso aparecen, en distintas disciplinas, como uno de los misterios primordiales, quizás el mayor de ellos. Jorge Luis Borges hacía notar, con su peculiar clarividencia y su pluma punzante, que lo más extraordinario en el paso del tiempo es aquello que se mantiene inmutable: «[...] el asombro ante el milagro / de que a despecho de infinitos azares, / de que a despecho de que somos / las gotas del río de Heráclito, / perdure algo en nosotros: / inmóvil [...]».[33] Acaso eso inmutable a lo que se refería Borges era la identidad del individuo, algo que está por encima de la complejidad que pueden abarcar las ciencias físicas, cuando menos en la actualidad. Sin embargo, estas se encuentran con regularidades sorprendentes, patrones reiterativos llenos de misterio que, alumbrados por la inteligencia aguda de Einstein y descritas en su estilo ágil y certero, acaban por dar forma a las leyes del mundo natural; ese puñado de ecuaciones que explican nuestro universo con la elegancia desnuda de un poema.

La realidad física más elemental, de hecho, también encuentra su identidad en ciertas propiedades que son inmutables. Todos los electrones, por ejemplo, son idénticos en cuanto a

---

[33] Jorge Luis Borges, «Final de año», *Fervor de Buenos Aires*, Emecé, 1969.

las propiedades que los distinguen. No importa dónde esté ni cuándo lo miremos, un electrón es un electrón y lo seguirá siendo en el porvenir. Además, pero este ya es un asunto diferente, no hay forma de distinguirlo de otro. Lo mismo ocurre con el fotón, la partícula de luz de la que hablaremos más adelante. Tiene varias propiedades que lo caracterizan, pero hay una que es sencillamente inverosímil: se mueve siempre, en el vacío, a doscientos noventa y nueve millones setecientos noventa y dos mil cuatrocientos cincuenta y ocho metros por segundo. No importa en qué rincón del universo lo observemos, ni en qué momento lo hagamos, todas las evidencias sugieren que los fríos números arrojarán el mismo resultado. Einstein postuló la universalidad de este comportamiento, en la forma de una conjetura a la que llamó «Principio de Relatividad».

Automóviles, bicicletas, fotones y trenes

Resulta evidente que un principio como este nos fuerza a cambiar radicalmente nuestra comprensión del espacio y del tiempo, ya que de lo contrario sería imposible que fuera cierto. El sentido común nos dice que la velocidad es siempre relativa. Si vemos pasar un automóvil por la carretera a cien kilómetros por hora, entendemos que esta velocidad es respecto del suelo; es decir, si mantiene la velocidad constante avanzará cien kilómetros en una hora. Pero si lo perseguimos en una bicicleta que se desplaza a treinta kilómetros por hora, lo veremos alejarse de nosotros a setenta kilómetros por hora, de modo que manteniendo el ritmo, al cabo de una hora, nos habrá adelantado setenta kilómetros. Y desde el punto de vista de otro automóvil que viaja a ciento veinte kilómetros por hora, el primero se iría quedando cada vez más rezagado, estando veinte kilómetros más atrás en el transcurso de una hora. Las velocidades de todos los protagonistas de este microrrelato son relativas, ¿cómo puede la luz, entonces, tener una velocidad universal?

Ya hemos discutido —pero es más que conveniente volver a hacerlo, desplazando sutilmente el enfoque— que el origen de esta conjetura está en las ecuaciones de Maxwell, que predicen un valor universal para la velocidad con la que se propagan las ondas electromagnéticas en el vacío. Para los físicos de fines del siglo XIX esto no era extraño, ya que pensaban, —como el propio Maxwell—, que había un medio, el éter, a través del cual la luz se propagaba. Así, que las ecuaciones dieran un valor para la velocidad de la luz resultaba tan poco sorprendente como que la teoría de las vibraciones del aire arrojara, como lo hacía, uno para la velocidad del sonido, medida, claro está, en relación al aire en reposo. El sonido, para ser precisos, se mueve a unos mil doscientos treinta kilómetros por hora (el valor exacto depende de condiciones como la temperatura, la presión y la humedad del aire). El estruendo de un trueno en un día sin viento se propaga en todas las direcciones a esa velocidad. Si lo escuchamos subidos a la bicicleta del ejemplo anterior, desplazándonos hacia el punto en el que se produjo el trueno, lo detectaremos un instante antes, ya que su velocidad nos resultará exactamente treinta kilómetros por hora mayor: mientras la onda sonora viaja nosotros acudimos a su encuentro. El viento golpeándonos la cara será lo que ponga en evidencia que no estamos en el sistema de referencia «correcto» para medir la velocidad del sonido. De ahí el experimento de Michelson y Morley en el que pretendieron, sin éxito, medir el viento de éter experimentado por el movimiento de la Tierra en ese medio.

El Principio de Relatividad nos dice que las cosas son muy distintas cuando se trata de la luz. Un pasajero —llamémoslo Bruno— que viaje en un tren veloz y decida hacer un experimento para calcular la velocidad del destello proveniente de un lejano relámpago hacia el cual se dirige, encontrará exactamente el mismo resultado que una persona —a quien bautizaremos Ana— que realice el experimento desde el andén. Ambos obtendrán un valor idéntico para la velocidad de la luz, coincidente con el que resulta de las ecuaciones de Maxwell. Dado que Bruno no aprecia que se encuentra en un tren en movimiento —supongamos que las ventanas están cerradas salvo por una hendija que le permite ver el relámpago y que las vías no tienen imperfecciones—, encontrará el resultado como una confirmación de las leyes de Maxwell. No sentirá viento de éter alguno, simplemente porque no existe. Einstein firmó el acta de defunción del éter al postular el Principio de Relatividad.

Libre convertibilidad

El poder de las matemáticas puede ser utilizado en la física gracias a lo que llamamos «unidades». Los metros, segundos y kilogramos, entre otros, son cantidades estandarizadas que permiten a la ciencia trabajar con números. Que una tela mida dos metros, por ejemplo, significa que esa longitud estándar, el metro, cabe dos veces en el paño. Ahora bien, ¿de dónde viene el estándar? Hasta los años sesenta el metro se definió a partir de una barra metálica que se guardaba con infinito cuidado en las bodegas de la Oficina Internacional de Pesas y Medidas ubicada en Sèvres, cerca de París. La cadencia del paso del tiempo, por su parte, se mide usando la repetición incesante de algún fenómeno periódico, como el movimiento de un péndulo. El segundo, por ejemplo, estaba definido hasta 1967 en relación al año; es decir, al tiempo que demora la Tierra en dar una vuelta completa alrededor del Sol.

Estas definiciones para el metro y el segundo son, como se ve, demasiado antropocéntricas. Si enviáramos una señal a través del espacio, por ejemplo, con el fin de comunicarle a una civilización lejana cómo es nuestro mundo, no habría modo de explicarles qué es un metro o un segundo. A menos, claro, que redefinamos estas unidades a partir de fenómenos más universales que cualquiera pueda reproducir en todo tiempo y lugar. En 1967 se modificó la definición del segundo con ese espíritu; se lo caracterizó como la duración de nueve mil ciento noventa y dos millones seiscientos treinta y un mil setecientos setenta oscilaciones producidas por cierta radiación que emite el átomo de cesio-133 —es decir, aquel que tiene cincuenta y cinco protones y setenta y ocho neutrones en el núcleo—, en condiciones bien determinadas que no vale la pena precisar ahora. Esta rocambolesca manera de definir el segundo tiene otra razón de ser: la estabilidad del soporte físico es tal que el desfase que acarrea es de un segundo cada treinta mil años. Posiblemente la civilización que lea nuestro mensaje ya habrá descubierto la física atómica, por lo que podrá seguir las instrucciones que le permitan entender el significado de un segundo. ¿Y el metro? Podemos definirlo como aquella unidad de distancia que, establecida ya la duración de un segundo, otorga a la velocidad de la luz en el vacío su valor exacto y universal que nuestros vecinos cósmicos presumiblemente también conocen.

Una de las consecuencias de la universalidad de la velocidad de la luz en el vacío fue el cambio de estatus del tiempo y el espacio. ¡La medición de estas dos cantidades ya no requiere de unidades distintas! Cualquier intervalo de tiempo define una longitud (la distancia que la luz recorre en ese lapso), que será la misma en cualquier lugar y momento. La velocidad de la luz en el vacío se convierte así en un mero factor de conversión entre unidades de tiempo y unidades de espacio, sin mayor relevancia que el utilizado para pasar de millas a kilómetros. El tiempo y el espacio resultan intercambiables, dos caras de una misma moneda. Podemos medir distancias en segundos e intervalos temporales en metros. Eso es lo que hacemos cuando decimos que, por ejemplo, el centro de la Vía Láctea está a unos treinta mil años luz.

Es oportuno mencionar aquí que existen sólo tres constantes universales: la velocidad de la luz, la constante de Newton (de la gravitación) y la constante de Planck (de la Mecánica Cuántica). Cada una de ellas provee un factor de convertibilidad con importantes consecuencias conceptuales. Por ejemplo, la constante de Newton permite convertir kilogramos en metros, de modo que la masa del Sol resulta ser de mil cuatrocientos ochenta metros y la de la Tierra no llega a los cinco milímetros. Más adelante veremos algo más de la fascinante profundidad de esto que en apariencia es un mero juego algebraico. Las tres constantes universales permiten definir de manera única una distancia a la que se denomina «longitud de Planck» —equivalentemente, a partir de ella podemos calcular un tiempo y una masa de Planck— y que parece ser la unidad más fundamental que nos ofrecen las leyes de la Naturaleza. Es una mil billonésima parte de la distancia más pequeña explorada por el ser humano, de modo que se trata de una unidad de escasa utilidad en la vida diaria. Pero la universalidad de su valor le confiere una aureola singular y la expectativa de que todas las unidades puedan determinarse algún día de modo natural a partir de esta.

RELOJ NO MARQUES LAS HORAS

Consideremos, por un momento, la posibilidad de fabricar un reloj que funcione a base del incesante reflejo de un haz de luz entre dos espejos horizontales enfrentados. Para fijar ideas, pensemos que el tiempo que le lleva a la luz hacer el viaje de ida y vuelta entre ambos es de un nanosegundo; es decir, una mil millonésima de segundo: los espejos habrán de estar separados unos quince centímetros. Supongamos que tenemos un segundo reloj, idéntico, perfectamente sincronizado con el primero. La luz va y viene al unísono, verticalmente, en una danza rítmica perfecta que marca el paso del tiempo. En cierto momento ponemos en movimiento a uno de los relojes instalándolo dentro del tren en el que viaja Bruno, que se mueve en línea recta y a velocidad constante. Para él la situación es la misma que experimentaba antes de que el tren se pusiera en movimiento: contempla el ir y venir del haz, de un espejo al otro, en un nanosegundo.

Ana, sin embargo, quien se quedó en el andén con el otro reloj, observará algo sorprendente como consecuencia del Principio de Relatividad. Para ella, el haz de luz del reloj de Bruno sigue una trayectoria distinta, ya que en el intervalo que le lleva su viaje desde el espejo superior al inferior, este se ha desplazado horizontalmente junto al tren, y lo mismo ocurre en el retorno al espejo superior. Por lo tanto, desde su perspectiva, el haz de luz bajó y subió siguiendo una trayectoria dada por dos tramos diagonales, cuya inclinación es más pronunciada cuanto mayor es la velocidad del tren. La distancia recorrida por el haz del reloj de Bruno, por lo tanto, es más larga desde su punto de vista que la recorrida por el de su propio reloj, quieto junto a ella en el andén. Bajo la premisa de que la velocidad de la luz es una constante universal, Ana comprobará que la duración del tictac en el reloj de Bruno es mayor que la del suyo. El tiempo transcurre a un ritmo más lento sobre el tren que en el andén, concluirá Ana sin ningún género de duda. La dilatación relativa del tiempo en los relojes en movimiento es una de las consecuencias más fascinantes de la Teoría de la Relatividad Restringida de Einstein.

El fenómeno resulta más extraño aún si notamos que para Bruno ocurre exactamente lo contrario: para él es el reloj de Ana el que está en movimiento, por lo que es aquél el que habrá de reducir su cadencia. Y la ralentización sería mayor cuanto más grande fuera la velocidad relativa. Si el tren viajara a la velocidad de la luz, Ana vería detenerse el reloj de Bruno, sus agujas inmóviles, ¡y viceversa! Llegamos a esta conclusión utilizando relojes de luz, pero lo mismo valdría para los de pulsera, digitales y también para los «relojes biológicos». No es difícil imaginar el rechazo suscitado inicialmente por estas ideas de apariencia disparatada.

¡LARGA VIDA AL MUÓN!

Una comprobación rotunda y espectacular de la realidad de la dilatación temporal tuvo que esperar varias décadas y se dio en los laboratorios del Consejo Europeo de Investigaciones Nucleares (CERN), en 1977. Uno de los subproductos de las colisiones que allí se realizaban era una partícula llamada «muón», descubierta en 1936 por Carl Anderson —quien ese mismo año ganó el premio Nobel de física por su descubrimiento del positrón— y su estudiante de doctorado, Seth Neddermeyer. El hallazgo se produjo, al igual que ocurriera con el del positrón, mediante el estudio de los rayos cósmicos, partículas de muy alta energía de procedencia extraterrestre que bombardean constantemente nuestro planeta provocando una cadena de colisiones al entrar en la atmósfera, lo que da lugar a la aparición de muchas otras partículas.

El muón es muy inestable; su vida media es de poco más de dos millonésimas de segundo. Al cabo de ese tiempo, esta huidiza partícula se convierte en un electrón y en el proceso salen despedidos dos neutrinos. Más estrictamente, se trata de un comportamiento probabilístico que sólo tiene sentido a nivel estadístico: en una población de un gran número de muones, el 63 por ciento habrá decaído al transcurrir una vida media, mientras que el

86 por ciento lo hará cuando hayan pasado cuatro millonésimas de segundo. En el CERN hay un anillo en el que se acumulan y almacenan muones, haciéndolos girar a velocidades cercanas a la de la luz. Así, el «reloj biológico» de los muones, aquel que les dice cuándo ha llegado el momento de convertirse en electrones, discurre de manera más pausada que la cadencia impuesta por los relojes del laboratorio. Desde el punto de vista de los investigadores del CERN, la vida media de los muones se prolongó hasta alcanzar las sesenta y cuatro millonésimas de segundo, casi treinta veces más larga que cuando están afuera del acelerador. En el experimento se mostró de manera categórica que en el hipotético reloj de los muones la vida media seguía siendo de poco más de dos millonésimas de segundo, sólo que su reloj transcurría casi treinta veces más lento que el de los experimentadores. Desde el punto de vista de los muones, son los investigadores los que envejecen a un ritmo menor.

El espacio-tiempo

El extraño comportamiento del tiempo que la Relatividad Restringida demanda nos lleva a una segunda consecuencia igualmente insólita. Supongamos que el tren de Bruno se dirige a Berlín. Ana, sentada en el andén, hace el siguiente razonamiento: «Si el reloj de Bruno avanza más lento, él llegará, según sus propios instrumentos, antes de lo previsto. ¿Cómo es posible que llegue antes de lo pautado si su velocidad es la que ambos acordamos? La única solución a esta aparente paradoja es que para Bruno la distancia a Berlín sea menor que para mí. No me queda otra alternativa que concluir que en su sistema de referencia la distancia recorrida se acortó». La «contracción de Lorentz» es otra consecuencia del Principio de Relatividad y fue propuesta por el físico holandés Hendrik Lorentz en

1889, en un intento por salvaguardar la hipótesis del éter estacionario en el que se propagaría la luz. Si bien no logró evitar la abolición del éter, acabó siendo una conclusión consistente con la teoría que Einstein desarrollaría unos cuantos años más tarde.

Tanto las diferencias temporales como las espaciales dejan de ser absolutos en la Teoría de la Relatividad Restringida. Sin embargo, el matemático francés Henri Poincaré demostró que existe una combinación de estas diferencias que resulta ser la misma para Ana y para Bruno. Esto es similar a un fenómeno relativamente sencillo. Si dibujamos dos puntos en un folio, la distancia entre ellos no dependerá de nuestra elección de coordenadas; si trazamos ejes cartesianos en el papel tendremos la libertad de elegir su orientación sin que esto afecte a la distancia entre los puntos. Sin embargo, las diferencias en el valor de sus coordenadas cartesianas sí dependen de la elección de los ejes. La distancia entre los puntos, un absoluto, puede escribirse como una combinación de las diferencias de coordenadas —magnitudes relativas— a través del teorema de Pitágoras. En otras palabras, Poincaré identificó una suerte de teorema de Pitágoras en el espacio-tiempo. Esta analogía fue puesta bellamente en palabras por quien fue profesor de Einstein en Zurich, el matemático lituano Hermann Minkowski: «Desde ahora tanto el espacio en sí mismo como el tiempo en sí mismo estarán condenados a desvanecerse en meras sombras. Sólo un tipo de unión entre ambos preservará una realidad independiente».[34] Tal como las coordenadas del plano cartesiano no tienen sentido por sí solas, el espacio y el tiempo debían fundirse en un conjunto inseparable: el espacio-tiempo o «espacio de Minkowski», escenario de aquí en más de todos los fenómenos físicos.

---

[34] Hermann Minkowski, «Space and Time». En: Hendrik Lorentz y otros (ed.), *The Principle of Relativity: A Collection of Original Memoirs on the Special and General Theory of Relativity*, Dover, 1952, pp. 75-91.

SINCRONÍAS

Veamos la última de las consecuencias excepcionales de la Relatividad Restringida utilizando la herramienta favorita de Einstein: el experimento pensado. Recurriremos nuevamente al tren en el que viaja Bruno, que se mueve a gran velocidad y en línea recta. Desde el centro de un vagón herméticamente cerrado se disparan dos haces de luz en direcciones opuestas; hacia adelante y hacia atrás. Pocas dudas caben de que Bruno verá llegar ambos haces al mismo tiempo, ya que los dos tienen que recorrer la misma distancia. La llegada de la luz a las paredes del vagón será, desde su punto de vista, simultánea.

Desde su puesto en el andén, Ana verá algo cualitativamente distinto. Dado que ve al tren avanzar al tiempo que los haces de luz recorren su camino, el haz que se propaga en la misma dirección que el vagón tendrá que recorrer una mayor distancia antes de alcanzar la pared que aquel que se propaga en la dirección contraria. Por lo tanto, tardará más en llegar a ella. Así, Ana afirmará que la llegada de los haces de luz a las paredes del vagón no fue simultánea, asegurando que el haz llegó antes a la pared trasera. Más extraño aún, si ahora viene otro tren al doble de velocidad, un pasajero sentado en este verá al de Bruno viajando en la otra dirección: para quien viaje en este tren el haz de luz llegará primero a la pared delantera. La Relatividad Restringida no permite establecer que dos acontecimientos hayan tenido lugar en sincronía. La simultaneidad es un asunto que no tiene una respuesta única y depende del observador. Incluso el orden en que dos eventos ocurren dependerá del estado de movimiento de quien los observe.

Aquí sí encontramos una aparente paradoja, ¿acaso existe algún observador para quien la publicación de la Teoría de la Relatividad Restringida haya ocurrido antes del nacimiento de Einstein? Teniendo en cuenta los desquiciantes fenómenos descritos, no parece claro que esto sea imposible. Afortunadamente, sin embargo, la respuesta es rotunda y negativa. Los dos eventos mencionados, el nacimiento de Einstein y la publicación de la Relatividad Restringida, están *causalmente* conectados. La Teoría de la Relatividad implica que la velocidad más grande entre dos eventos es la de la luz. Si podemos ir desde uno al otro sin movernos nunca más rápido que la luz, entonces están causalmente conectados: el primero puede influir en el segundo, como obviamente es el caso en el ejemplo mencionado.

Consideremos, en cambio, los eventos: (a) usted lee ahora estas líneas y (b) una fiesta se celebra la próxima semana —de acuerdo al calendario terrestre en reposo— en «Próxima Centauri b» (el exoplaneta más cercano a la Tierra). La luz demora más de cuatro años en llegar allí por lo que usted no tiene ninguna posibilidad de llegar a esa fiesta. No puede influir de modo alguno en lo que allá suceda. Estos dos eventos no están causalmente conectados. Siendo así, no tiene ninguna importancia si algún observador los juzga simultáneos y otro afirma que la fiesta ocurrió antes que la lectura. En la Relatividad Restringida la sincronía no tiene un valor de verdad absoluto, pero sí lo tiene el que dos eventos sincrónicos no puedan ser jamás uno causa y otro efecto. Pares de eventos que no están relacionados *causalmente* serán siempre simultáneos para algún observador. Recuérdelo la próxima vez que le digan que la posición de los astros en el cielo en el momento de su nacimiento determina algún aspecto de su vida...

5

El átomo de luz

Un sórdido titular acaparó parte de la portada del *Meriden Record* el sábado 28 de mayo de 1932: «Connotado científico muere al caer de un precipicio». El físico y psicólogo Leonard Troland se habría desmayado mientras posaba para una fotografía al borde de un acantilado durante un paseo por el monte Wilson, en California. La caída de ochenta metros le costó la vida. Troland era un científico multifacético. Como ingeniero y luego director de investigación de la Technicolor Motion Picture Corporation hizo importantes desarrollos en las técnicas de la fotografía en color. Además, era profesor de psicología en la Universidad de Harvard, en donde trabajó en diversas áreas, desde el problema de la percepción y visión del color hasta el fenómeno psicológico de la motivación.

En 1917 hizo un extraño experimento para verificar la posibilidad de que la telepatía fuese un fenómeno real. Para ello diseñó una prueba automática en la que no había posibilidad alguna de que el investigador a cargo tuviese influencia sobre el resultado. Un dispositivo iluminaba al azar uno de dos bloques. Quien lo observaba debía intentar transmitir telepáticamente cuál era el bloque iluminado a un sujeto en otra habitación. Los resultados lo llevaron a descartar la validez de la telepatía, por lo que perdió el interés en ella. Un año antes, mientras hacía experimentos sobre la visión humana, Troland acuñó la palabra «fotón». Aunque el significado era totalmente distinto al que le damos hoy (se trataba de una unidad de percepción lumínica), la palabra entró en el lenguaje científico con fanfarrias y ambigüedades hasta dar con su significado actual en 1928, en un artículo escrito por el físico Arthur Compton. Pero eso que conocemos como fotón —el «cuanto» o «átomo» de luz, su unidad o partícula fundamental— había hecho su aparición mucho antes de encontrarse con su nombre, en el primero de los artículos que Einstein publicó en su *annus mirabilis*.

EL RETORNO DEL CORPÚSCULO

Fue en marzo de 1905, tres días después de cumplir veintiséis años, cuando escribió «Sobre un punto de vista heurístico concerniente a la producción y transformación de la luz».[35] La idea allí planteada era tan revolucionaria, tan audaz e improbable, que hubiese sido más fácil aceptar la confirmación de la telepatía por parte de Troland. Es que a menudo la ciencia nos muestra que la Naturaleza es más extraña y fantástica que el esoterismo más rimbombante. Tanto es así que el mismo Einstein, incapaz de aceptar su hallazgo como una realidad última y fundamental, utilizó la palabra *heurístico* en el título, dejando en claro que para él se trataba de una idea provisional, un tanteo que habría de corregirse cuando se comprendiera con mayor rigurosidad.

La frase crucial del artículo está al final de su introducción: «De acuerdo al supuesto que consideraremos aquí, cuando un rayo de luz se propaga desde un punto, su energía no se

---

[35] Albert Einstein, «Über einen die Erzeugung und Verwandlung des Lichtes betreffenden heuristischen Gesichtspunkt», *Annalen der Physik*, vol. 17, 1905, pp. 132-148.

distribuye de manera continua llenando un volumen cada vez más grande, sino que consiste de un número finito de cuantos de energía, localizados en puntos del espacio, que se mueven sin dividirse y pueden ser absorbidos o generados sólo en unidades enteras».[36] Apenas dos meses antes de aquel artículo en el que habría de socavar cualquier duda que pudiera persistir sobre la realidad atómica y molecular de la materia,[37] Einstein dictaminó que la luz estaba constituida por unidades elementales, semejantes a partículas. El mismo científico que tres meses después aboliría el éter, mostrando que los campos electromagnéticos eran una realidad física incontestable y que la luz era la manifestación más nítida de su oleaje a través del vacío, nos decía también que la luz no era siempre ese continuo sino que también, al menos en ocasiones, debía entenderse como si se tratara de haces de partículas; ésas que hoy llamamos fotones. De este modo desempolvaba la vieja teoría corpuscular de la luz de Isaac Newton, desacreditada desde que a comienzos del siglo XIX el físico inglés Thomas Young demostrara experimentalmente el fenómeno de interferencia, de innegable naturaleza ondulatoria.

Pero ¿cómo podía ser la luz una onda y, simultáneamente, una partícula? Einstein dio aquí el puntapié inicial de la Mecánica Cuántica y su dualidad onda-partícula. Una teoría que en las décadas siguientes llegaría a su madurez, sin perder jamás ni un ápice de su naturaleza extraña y enigmática. Einstein murió pensando —o quizás más bien deseando— que, a pesar de sus grandes éxitos, la teoría cuántica sólo podía ser provisional; una rústica aproximación a la realidad para la que debería existir una descripción más directamente conectada con nuestro sentido común. Es que probablemente no exista ninguna otra idea que subraye con tanta vehemencia la enorme distancia

---

[36] Albert Einstein, *Ibíd.*
[37] Ver el texto «Esa belleza intangible».

que existe entre este y las leyes fundamentales que parecen regir el universo.

PLANCK Y EL CUERPO NEGRO

A finales del siglo XIX la realidad atómica y molecular gozaba de creciente consenso en la comunidad científica. A partir de ella se podían explicar las propiedades de cuerpos macroscópicos, compuestos por una enormidad de estas minúsculas partículas, como su temperatura, presión o entropía. Para ello, los físicos hacían cálculos estadísticos: promedios de cantidades mecánicas realizados sobre todas las partículas constituyentes.

La física también contaba con la teoría de Maxwell, que explicaba todos los fenómenos eléctricos y magnéticos que se observaban incluyendo, por supuesto, al más fascinante de todos: la luz. Sin embargo, la interacción de la luz con la materia era un absoluto misterio. No se trataba de una ignorancia menor. Por ejemplo, las situaciones que involucran calor suelen estar asociadas a fenómenos lumínicos. El caso más familiar es el de cualquier objeto al que se calienta a temperaturas suficientemente altas. Siempre ocurre lo mismo: comienza a emitir una luz rojiza que al elevar aún más la temperatura se torna anaranjada, luego amarilla, después blanquecina hasta, finalmente, tomar un leve fulgor violáceo. La comprensión de este fenómeno, conocido como «la radiación del cuerpo negro», fue uno de los grandes desafíos de la física de fines del siglo XIX. El problema es que no se sabía cómo incluir la luz en los cálculos estadísticos que se utilizaban sobre la materia: podemos hacer promedios sobre propiedades de conjuntos de átomos o moléculas, pero no sobre entes etéreos que, como la luz, no podemos contar.

Fue el físico Max Planck quien dio con la solución en 1900. El resultado de sus cálculos brindaba con absoluta precisión la cantidad de luz que emitiría un objeto a cierta temperatura para cada color del espectro. Tal fue el revuelo que causó este importante resultado que pocos se detuvieron a pensar con mayor profundidad la revolucionaria suposición que Planck debió asumir para llegar a él: la luz debía absorberse y emitirse en «paquetes» cuya energía era proporcional a su frecuencia. Él mismo reconoció más tarde que «fue una suposición puramente formal y no le dediqué demasiado pensamiento, excepto por el hecho de que, sin importar cuál era el costo, me llevaba al resultado correcto».[38]

Einstein fue el primero en tomarse en serio esta curiosidad matemática. No era que la luz, por razones misteriosas, depositara su energía en la materia en forma de «paquetes»; era la propia luz la que estaba constituida por corpúsculos. Su artículo de marzo comenzaba, de hecho, estableciendo una re-derivación de la fórmula de Planck. Luego utilizó su teoría de la luz para explicar otros fenómenos que involucraban la interacción de esta con la materia. El más importante y que le valió el premio Nobel de física quince años más tarde: el llamado «efecto fotoeléctrico».

LAS CHISPAS DE HERTZ

En un bello experimento realizado por Heinrich Hertz en 1887, se mostraba que era más fácil generar un arco voltaico —una chispa, como en una bujía— entre dos terminales eléctricos cuando estos eran iluminados. La luz era capaz de arrancar electrones de los metales, produciendo una corriente

---

[38] Max Planck, carta a Robert Wood fechada el 7 de octubre de 1931, traducida al inglés en: A. Hermann, *The Genesis of Quantum Theory (1899-1913)*, MIT Press, 1971.

eléctrica que viajaba a través del aire. El experimento se fue sofisticando con el tiempo, hasta que se pudo observar un aspecto extraordinariamente peculiar del fenómeno. De acuerdo con la teoría ondulatoria uno esperaría que al aumentar la intensidad de la luz la cantidad de electrones liberados y la velocidad con la que son eyectados del metal aumente. Imagine una hilera de palmeras a la orilla de una playa. Si las alcanza el suave oleaje cotidiano se mantendrán firmes en su sitio pero si viene una gran marejada o un tsunami, serán arrancadas de cuajo. Mientras mayor sea la intensidad de las olas, mayor será el número de palmeras arrancadas y mayor también la velocidad con la que estas saldrán despedidas. Los físicos de comienzos del siglo XX pensaban que los electrones, fuertemente aferrados a sus respectivos átomos debido a la atracción eléctrica que experimentaban por parte del núcleo, debían comportarse de modo similar cuando la luz incidía sobre ellos y el oleaje electromagnético los agitaba. Sin embargo eso no era lo que se observaba.

Lo que los experimentos acusaban era que: (i) cuando se iluminaba el metal con luz de longitud de onda suficientemente grande, el fenómeno desaparecía por completo ¡sin importar la intensidad!, como si se tratara de un tsunami inocuo ante el que los electrones permanecieran indiferentes; (ii) cuando la longitud de onda se hacía más y más pequeña, los electrones emergían con velocidades cada vez mayores y (iii) la intensidad de la luz no incidía en la velocidad con que los electrones eran expulsados, sólo en la cantidad de ellos. Por ejemplo, para cierto metal podía ocurrir que la luz roja, anaranjada o amarilla no arrancara electrones, pero que la luz verde, de menor longitud de onda, comenzara a provocar su flujo con una velocidad pequeña. La rapidez de los electrones aumentaría a medida que la luz se tornara primero azul, luego violeta, hasta alcanzar el ultravioleta. No importaba la intensidad utilizada si se iluminaba con luz roja. Nada se conseguía. Si se iluminaba con luz verde, en cambio, al duplicar la intensidad se duplicaría la cantidad de electrones, pero cada uno de ellos seguiría siendo emitido con velocidad pequeña.

LA EXPLICACIÓN DE EINSTEIN

Esto no parecía tener ningún sentido. ¿Por qué los electrones habrían de elegir dar un salto al vacío desde el interior de un metal sólo cuando son iluminados por determinados colores, sin importar la intensidad de la luz? El misterio de este fenómeno se desplomó bajo la mente prodigiosa de Albert Einstein, quien lo transformó en una consecuencia evidente de su teoría corpuscular de la luz. La analogía es ahora la de una hilera de palmeras en la ladera de una colina. Desde lo alto podemos dejar caer rocas de distinto peso. Las más pesadas son análogas a los fotones más energéticos, que corresponden a los de longitud de onda más pequeña —frecuencia más grande—. Si dejamos caer piedras livianas, no importa cuántas sean, no derribarán palmera alguna. Sólo cuando las rocas sean lo suficientemente grandes, transportarán la energía necesaria para echar abajo un árbol. Si aumentamos aún más el tamaño de la roca, las palmeras saldrán expulsadas con mayor velocidad, una velocidad que sólo depende del peso de las rocas y no del número que lancemos. Este incidirá, eso sí, en la cantidad de árboles arrancados.

De igual forma, los fotones asociados con la luz de mayor longitud de onda tienen menos energía. Así, un fotón rojo es menos energético que uno azul. Para arrancar un electrón del metal, este debe ser golpeado por un fotón suficientemente energético. Del mismo modo en que la guillotina es efectiva cuando cae desde cierta altura produciendo un golpe seco y no ocasiona más que un rasguño si se deja caer tantas veces como uno quiera pero a un milímetro del cuello, un fotón muy energético no puede ser reemplazado por un número grande de fotones de baja energía. Si uno, digamos rojo, no tiene la energía suficiente para arrancarlo, tampoco lo arrancará una seguidilla de fotones rojos. Si la energía es mayor, digamos de fotones verdes, azules o violetas, el electrón no sólo será arrancado sino que le sobrará energía y este remanente será usado para imprimirle velocidad a su movimiento.

La explicación de Einstein daba perfecta cuenta de lo que se veía en el laboratorio. Además, el hecho de que debiera recurrir a los cuantos de luz, cuya energía era proporcional a la frecuencia, reforzaba los cálculos de Planck para la radiación del cuerpo negro y viceversa: ambos resultados, en conjunto, constituían una evidencia sólida a favor de la existencia de unidades mínimas e indivisibles de la luz; «átomos de luz» que daban una inesperada segunda oportunidad a la derrotada teoría corpuscular de Isaac Newton. No resultó sencillo de digerir este aparente retorno a un paradigma cuya falsedad se daba por demostrada desde hacía ya un siglo; ni siquiera para Einstein. Recién en 1917 se planteó el problema de asignarle a los fotones una propiedad fundamental que se asocia a toda partícula: el «momento lineal». En el caso de cualquier otra partícula, este no es más que el producto de su masa por su velocidad, pero según la Teoría de la Relatividad Restringida el fotón no debía tener masa para poder así viajar a la velocidad de la luz; dicho de otro modo, su masa debía ser exactamente cero.

El fotón fue la primera partícula elemental predicha teóricamente —más tarde se sumarían a este linaje el positrón, el neutrino y el bosón de Higgs, entre otras— y la que más resistencia encontró para ser aceptada por la comunidad científica. ¿Una partícula de masa cero que, sin embargo, transportaba energía y momento lineal? ¿Un corpúsculo al que debían asociarse características como la frecuencia, propias de las ondas? Einstein se dio cuenta en 1909 de que para poder explicar cómo los cuantos de energía podían resultar compatibles con el comportamiento ondulatorio de la luz, era necesario un salto conceptual: «Es, por lo tanto, mi opinión que el próximo paso en el desarrollo de la física teórica nos traerá una teoría de la luz que pueda ser interpretada como un tipo de fusión entre las teorías ondulatorias y de emisión [corpusculares]. Fundamentar esta opinión y mostrar que un cambio profundo en nuestra visión de la naturaleza y la constitución de la luz es imperativo, es el propósito de las siguientes reflexiones».[39] Ese «cambio profundo» no era otro que la Mecánica Cuántica, que empezaría a tomar forma recién a mediados de los años veinte.

A finales de julio de 1918, Einstein le escribió una carta a su amigo Michele Besso en la que por primera vez manifestó de manera contundente que los fotones, lejos de ser una entelequia auxiliar, eran una realidad de la Naturaleza: «Pero ya no tengo más dudas sobre la *realidad* de los cuantos de radiación, a pesar de que todavía estoy un poco solo en esta convicción».[40] Aportaron a esta convicción los trabajos publicados en 1923 por el estadounidense Arthur Compton y el holandés Peter Debye, mediante experimentos similares al del efecto fotoeléctrico pero en los que se observaba el cambio en la longitud de onda de la luz reflejada. El efecto sólo podía explicarse si se suponía la existencia de fotones, tal como fueron concebidos por Planck y Einstein.

Al año siguiente se vivió un *impasse* debido a un trabajo de Niels Bohr —con su antiguo discípulo Hendrik Kramers y John Slater, un estudiante estadounidense que se encontraba de

---

[39] Albert Einstein, «Über die neueren Umwandlungen, welche unsere Anschauungen über die Natur des Lichtes erfahren haben», *Deutsche Physikalische Gesellschaft, Verhandlungen*, vol. 7, 1909, pp. 482-500.

[40] Albert Einstein, carta a Michele Besso, en *The Collected Papers of Albert Einstein, Vol. 8: The Berlin Years: Correspondence, 1914-1918*, Princeton University Press, 1998.

visita en Copenhague—, en el que se proponía un marco teórico que prescindía de los fotones a un precio muy alto: sacrificar nociones fundamentales de la física como la conservación de la energía y la causalidad. Einstein ya había pensado en esta posibilidad en 1910 y la había descartado oportunamente, como se lo hizo saber con delicioso sarcasmo a su amigo Paul Ehrenfest: «Esta idea es una vieja conocida mía, a quien no considero una genuina compañera».[41] Bohr y Einstein se habían conocido personalmente en la primavera de 1920 en Berlín y se profesaron de inmediato una admiración incondicional. «No me ha ocurrido a menudo en la vida que un humano me haya causado tanto placer por su mera presencia como usted lo hizo»,[42] le hizo saber Einstein, a lo que Bohr respondió: «Encontrarme y hablar con usted fue una de las experiencias más grandiosas que yo haya tenido».[43] La existencia de los fotones fue la primera de las batallas en las que cruzaron espadas. En esta ocasión, el vencedor fue Einstein. Muy rápidamente se pudo verificar en el laboratorio que las ideas de Bohr eran incorrectas y él mismo izó la bandera blanca el 21 de abril de 1925: «Tal parece que no queda más que dar a nuestros revolucionarios esfuerzos un funeral tan honorable como sea posible».[44] La claudicación de Bohr condujo a la aceptación universal de la existencia de los fotones y marcó el nacimiento definitivo de la Mecánica Cuántica.

---

[41] Albert Einstein, carta a Paul Ehrenfest, en *The Collected Papers of Albert Einstein, Vol. 14: The Berlin Years: Writings & Correspondence, April 1923-May 1925*, Princeton University Press, 2015.

[42] Albert Einstein, carta a Niels Bohr, en *The Collected Papers of Albert Einstein, Vol. 10: The Berlin years: Correspondence, May-December 1920*, Princeton University Press, 2006.

[43] Niels Bohr, carta a Albert Einstein, en *The Collected Papers of Albert Einstein, Vol. 10: The Berlin Years: Correspondence, May-December 1920*, Princeton University Press, 2006.

[44] Niels Bohr, carta a Charles Galton Darwin (nieto del autor de *El origen de las especies*), en *The Collected Works of Niels Bohr, Vol. 5*, North Holland, 1984, p. 81.

Visión electrónica a distancia

La magia de la telepatía se vino abajo con los experimentos de Troland, pero el efecto fotoeléctrico hizo posible la transmisión a distancia e inalámbrica de imágenes, de manera totalmente inesperada. En junio de 1908, el ingeniero eléctrico Alan Archibald Campbell-Swinton publicó una breve carta en la revista *Nature* titulada «Visión electrónica a distancia».[45] Su contenido, lejos de las apariencias, no era nada esotérico o mágico. Campbell-Swinton estaba soñando con una tecnología que se haría realidad apenas dos décadas más tarde; la posibilidad de enviar imágenes en movimiento a lo largo de enormes distancias: la televisión. Sugería para ello el uso de tubos de rayos catódicos, tanto para la reproducción de imágenes (la pantalla) como para su recepción (la cámara). La tecnología para la pantalla, que ya tenía desarrollos anteriores, fue común en los televisores hasta comienzos de este siglo. Lo más novedoso, por lejos, fue la sugerencia de utilizar tubos de rayos catódicos, en conjunción con el efecto fotoeléctrico, para captar imágenes. Uno de los creadores de la televisión electrónica, tal como la conocemos hoy, Philo Farnsworth, fue el primero en transmitir la imagen de una persona en vivo, en 1929: la de su esposa. La cámara utilizaba el efecto fotoeléctrico para transformar la luz de una imagen proyectada sobre una placa de metal en una señal eléctrica, que se podía transmitir usando cables. La magia de la telepatía ahora era posible gracias a fenómenos físicos que de la mano de Albert Einstein se comprendieron a la perfección. Magia sin magia.

---

[45] Alan A. Campbell-Swinton, «Visión electrónica a distancia», *Nature*, vol. 78, 1908, p. 151.

6

La masa transfigurada

Los primeros indicios de la inminente primavera eran desmentidos por la nieve oscura que se acumulaba en los bordes de las aceras. Einstein y su segunda esposa, Elsa Löwenthal, tenían buenos motivos para empezar a contemplar con optimismo la posibilidad de quedarse definitivamente en Princeton. La crudeza del primer invierno ya era cosa del pasado y pronto estarían celebrando el primer cumpleaños de Albert en Estados Unidos. Asistieron con sincero entusiasmo al coloquio de ese 6 de marzo de 1934 al que Einstein acudía más como violinista que como físico. Había aprendido a tocar el violín desde los seis años bajo la influencia de su madre, una pianista de cierto talento. Al finalizar, se apresuró a excusarse con Elsa y caminó raudo a su oficina en Fine Hall, visiblemente exultante. Antes de cerrar la puerta le comentó a su secretaria, con un dejo de ironía, «me parece que el método de los doce tonos es una locura».[46]

En la charla a la que acababa de asistir, Arnold Schoenberg, creador del método de composición musical llamado «dodecafonismo», había expuesto los fundamentos teóricos y estéticos de la que ya se había convertido en una de las corrientes

---

[46] E. Randol Schoenberg, en *Arnold Schoenberg and Albert Einstein: their Relationship and Views on Zionism*, Arnold Schoenberg Institute, 1987.

musicales más célebres y audaces del siglo xx. Menos de un mes más tarde ambos se volverían a encontrar. Esta vez en el Carnegie Hall de Nueva York, en donde se organizó un concierto de caridad en honor a Einstein, cuyas ganancias irían a parar a fondos destinados a reubicar niños judíos alemanes en Palestina, alejándolos de la persecución nazi. Un grupo significativo de artistas presentó sus obras y sus respetos al físico, «quien con su contribución a la ciencia ha empujado la marcha de la civilización y con su devoción hacia el arte ha acercado estos dos mundos para el desarrollo de la cultura [...] por lo que nosotros, quienes buscamos la verdad en la música como él la busca en la ciencia, inscribimos nuestros nombres con profunda admiración y estima hacia quien estamos orgullosos de llamar nuestro colega».[47]

Más atento que nadie estaba Arnold Schoenberg, el «colega» de quien Einstein había hablado con cierta displicencia unos días antes. Él también tenía algunos reparos para con el físico, cuya forma de lucha contra el antisemitismo le parecía sencillamente inútil. Para Schoenberg la única solución posible era la creación de un estado judío. Einstein le parecía ingenuo, de un romanticismo infantil en cuanto a su visión del movimiento sionista. Esa noche se interpretaría *La noche transfigurada*, la obra que el músico había compuesto treinta y cinco años atrás, delicioso fruto del método que el homenajeado había caracterizado como «una locura». La pieza, un sexteto de cuerdas, había sido rechazada para su ejecución en el club de músicos de Viena en 1899. Un sonido en particular resultó irritante para el jurado. A pesar de las explicaciones que el músico dio sobre el acorde en cuestión, acabó rindiéndose. Años después escribiría en tono burlesco: «Es claro que no existe algo como la

---

[47] «3,500 honor Einstein at Carnegie Hall», *Jewish Telegraphic Agency*, 2 de abril de 1934.

inversión de un acorde de novena, por lo que no puede existir algo como su ejecución, ya que nadie puede ejecutar algo que no existe»[48]. La obra «fue abucheada, causando disturbios y peleas a golpes de puño. […] Tuve que esperar varios años»[49]. Ahora, sin embargo, la obra era un estándar, aplaudida y presentada como tributo al hombre más célebre de su época.

A pesar de sus diferencias, las vidas de Schoenberg y Einstein tuvieron un paralelismo sorprendente. No sólo por el hecho de que ambos revolucionaran sus respectivas disciplinas. Habían sido protagonistas de la floreciente cultura centroeuropea del cambio de siglo. Jóvenes integrados a ella hasta el punto de despreciar la religión que habían heredado de sus padres y que los hacía sentir extraños entre sus pares. Schoenberg se convirtió al protestantismo luterano en 1898. Einstein, por su parte, en una oportunidad le comentó al matemático Adolf Hurwitz que el resultado de unas vacaciones de su esposa e hijos en Serbia había sido la conversión de ellos al catolicismo; «bueno, es todo lo mismo para mí»,[50] recalcó. Pero la creciente ola de hostigamiento antisemita durante las décadas que siguieron los empujó de vuelta a sus raíces. Cuando Hitler llegó al poder en 1933, ambos dejaron Europa y se establecieron en los Estados Unidos. Por esos días Schoenberg estaba en Francia. Antes de cruzar el océano, en una ceremonia celebrada en la Sinagoga de París y cargada de sentido identitario, se reintegró al judaísmo. Tanto Einstein como Schoenberg adoptaron la nacionalidad estadounidense. Desde entonces, cada uno a su manera, se comprometió activamente con el movimiento sionista. Luchadores abnegados, idealistas de infatigable

---

[48] Arnold Schoenberg, *Theory of Harmony*, University of California Press, 1983.
[49] John Daniel Jenkins (ed.), *Schoenberg's Program Notes and Musical Analysis*, Oxford University Press, 2016.
[50] Walter Isaacson, *Einstein: his Life and Universe*, Simon and Schuster, 2008.

entusiasmo, ambos debieron perseverar para establecer ideas totalmente extrañas a su época.

Septiembre de 1905

El 27 de septiembre de 1905 se publicó en *Annalen der Physik* otro de los célebres artículos del *annus mirabilis* de Albert Einstein. Un breve trabajo, consecuencia directa de su predecesor —tratado aquí en el capítulo «Luz y tiempo»—, pero que contiene el corolario más asombroso de la Teoría de la Relatividad Restringida, que se expresa a través de la que probablemente sea la expresión matemática más conocida de todos los tiempos. Aunque no sepa qué significa ninguno de los símbolos que la componen, no hay duda alguna de que usted la ha visto muchas veces: $E = mc^2$.

En su sucinta genialidad, estos cinco caracteres albergan uno de los mayores secretos del mundo físico. Una deslumbrante relación entre cantidades fundamentales ante cuya generalidad y esplendor uno no puede menos que caer rendido sin aliento. El físico y poeta español Agustín Fernández Mallo propuso renovar la poesía contemporánea con su «Haiku de la masa en reposo»:

$$E^2 = m^2 c^4 + p^2 c^2,$$
$$Si\ p=0\ (masa\ en\ reposo) \rightarrow$$
$$E = mc^2.[51]$$

La búsqueda de la belleza poética —o, como la define él, postpoética— debe explorar todos los rincones que ofrece el lenguaje, incluido el matemático. «Para escribir como en el

---

[51] Agustín Fernández Mallo, *Postpoesía. Hacia un nuevo paradigma*, Anagrama, 2010.

siglo xx siempre estaremos a tiempo.»[52] El propio Einstein fue víctima de ese deslumbramiento ante el que procuró no ceder. No estaba seguro de la validez de esta ecuación y era muy difícil diseñar un experimento que la verificara.

Por esos días, a quinientos kilómetros de Berna, estando de vacaciones en el lago Traun, otro joven, apenas cinco años mayor, finalizaba la que habría de ser una de sus obras maestras. El *Cuarteto número 1 en re menor* fue la obra que consolidó a Arnold Schoenberg como compositor. Pero la música incidental que acompañó en su gestación a la fórmula más popular de Einstein no estuvo exenta de dificultades. El estreno ante el público fue sólo dos años después y acabó con aún más abucheos que su *Noche transfigurada*. «El cuarteto número uno jugó un papel importante en mi vida. Por una parte, los escándalos que provocó fueron tan ampliamente reportados en el mundo que rápidamente me hice conocido para el público. Por supuesto, era considerado el satanás de la música moderna; pero, por otra parte, muchos de los músicos de vanguardia se interesaron en mi música y quisieron conocer más de ella.»[53]

El enérgico rechazo que produjo la obra de Schoenberg fue la contracara de la fría recepción que Einstein encontró luego de publicar sus dos artículos sobre la Relatividad Restringida. Su hermana Maja escribiría al respecto: «El joven académico imaginó que sus publicaciones en esa prestigiosa revista captarían atención inmediata. Esperaba una firme oposición y severas críticas. Pero se desilusionó. A su publicación siguió un gélido silencio. Los siguientes números de la revista no mencionaron para nada sus trabajos».[54] El desencanto de Einstein, sin embargo, no

---

[52] Agustín Fernández Mallo, *Ibíd.*

[53] Leonard Stein (ed.), *Style and Idea: Selected Uritings of Arnold Schoenberg*, University of California Press, 1975.

[54] Maja Einstein, «Albert Einstein, Beitrag für sein Lebensbild», en: *The Collected Papers of Albert Einstein, Vol. 1: The Early Years, 1879-1902*, Princeton University Press, 1987.

tardó en disiparse. Un tiempo después, «recibió una carta desde Berlín. La enviaba el célebre profesor Planck, quien le pedía algunas clarificaciones sobre puntos de su trabajo que le resultaban oscuros. [...] El regocijo del joven científico fue enorme ya que el reconocimiento de sus trabajos venía de uno de los más grandes físicos de su tiempo».[55]

Sus publicaciones comenzaron a ser discutidas con apenas unos meses de retraso por buena parte de la comunidad científica. La admiración, la incredulidad y también el repudio no tardaron en llegar. El premio Nobel de física de aquel año, Philipp Lenard, desestimó rápidamente la importancia de la teoría; con el correr de los años fue dejando al descubierto sus verdaderas motivaciones de corte racista. En los años treinta se unió al partido nacionalsocialista y acuñó el término «física judía» para referirse despectivamente, entre otras, a la Teoría de la Relatividad. La música de Schoenberg corrió similar suerte poco después. Era parte de la «música degenerada» prohibida por el régimen nazi. Afortunadamente, esos tiempos quedaron atrás hace mucho, sepultados en el barro de la historia. En la actualidad, tanto la obra de Einstein como la de Schoenberg gozan de la admiración y el respeto de todos, a pesar de las barreras que impiden al público masivo abrazarlas. En el caso de la fórmula más famosa, esta sigue siendo intimidante para la mayoría dado su tecnicismo. Lo que sigue es una invitación a que nos acerquemos sin temor y nos dejemos seducir por su embriagador encanto.

Energía y masa

Comencemos con las letras: la «E» representa a la energía. Esta es la moneda de cambio de la Naturaleza. No se crea ni se des-

---

[55] Maja Einstein, *Ibíd.*

truye, sólo es objeto de transacciones entre sus distintas formas de manifestarse. Por ejemplo, la luz del Sol (energía radiante), que es el resultado de la fusión de núcleos atómicos (energía nuclear), calienta el agua del mar (transformándose así en energía térmica), esta se evapora y se eleva formando nubes (energía potencial gravitatoria) que luego cae en forma de veloces gotas (energía cinética). La conservación de la energía es una ley universal que nos ha acompañado imperturbable desde los inicios de la física y que sigue entre nosotros, operando con extraordinaria precisión.

Al lado derecho está la masa «m», una medida de la resistencia de los objetos a cambiar su estado de movimiento, propiedad a la que llamamos inercia. La experiencia nos indica que es más difícil empujar un camión que un automóvil —y este que una bicicleta—. De hecho, es más difícil también frenarlo o cambiar su dirección de movimiento. El primero, decimos, tiene mayor masa. También experimentamos la masa a través de la gravedad. Los objetos más masivos son atraídos más fuertemente por la Tierra; pesan más. Al igual que la energía, la masa también se conserva. Lo estableció el francés Antoine Lavoisier poco antes de perder la cabeza en la guillotina revolucionaria. La leña que introducimos en la chimenea tiene la misma masa que sus productos finales después de la combustión, principalmente vapor de agua, anhídrido carbónico, radiación lumínica y, naturalmente, cenizas.

Finalmente, la «c» es la velocidad de la luz, cuyo valor exacto es de doscientos noventa y nueve millones setecientos noventa y dos mil cuatrocientos cincuenta y ocho metros por segundo. Una velocidad enorme que permite, por ejemplo, que la luz reflejada en la superficie de la Luna llegue a nuestros ojos en poco más de un segundo. Además, como vimos en «Luz y tiempo», esta velocidad no depende del estado de movimiento de quien la observe: es una constante universal.

La fórmula de Einstein nos dice que la masa es un reservorio energético. Aunque un objeto esté en reposo e ignoremos otras fuentes de energía como la que resulta de la interacción entre sus constituyentes fundamentales, habrá una energía disponible en él que es igual a su masa multiplicada por la velocidad de la luz al cuadrado. Dicho de otro modo —bastante menos intuitivo y sobre el que puso el foco Einstein en su artículo, al punto de titularlo «¿Depende la inercia de un cuerpo de su contenido energético?»—, la dificultad para mover un objeto es proporcional a la energía que este alberga. La constante de proporcionalidad «c^2» es un número colosalmente grande, lo que implica que en un pequeño trozo de materia hay contenida una energía enorme. Un kilogramo de cualquier sustancia, por ejemplo, contiene la misma energía que obtendríamos al quemar miles de millones de litros de gasolina. Ojalá supiéramos cómo extraerla eficientemente.

John y Paul en el espacio

Intentemos ahora entender por qué la energía puede jugar el papel de la masa usando una discusión apócrifa entre John y Paul, dos astronautas a la deriva en una pequeña nave espacial (¿amarilla?) sin combustible.[56] Supongamos que ambos tienen idéntico peso y están frente a frente en extremos opuestos de la nave. La estación está a tres kilómetros, visible a espaldas de John. Ambos reflexionan sobre algún método que les permita moverse en esa dirección. No conseguirlo significa morir. John

---

[56] La historia de John y Paul es una recreación libre de los argumentos del artículo: Albert Einstein, «Das Prinzip von der Erhaltung der Schwerpunktsbewegung und die Trägheit der Energie», *Annalen der Physik*, vol. 20, 1906, pp. 627-663.

tiene una manzana en la mano y de pronto le dice a Paul con entusiasmo: «Si te lanzo la manzana la nave reaccionará impulsándose hacia la estación. Como sucede con el culatazo que experimentas cuando disparas un rifle. Si bien no conseguiremos mucha velocidad, ya sabes, Paul, no tenemos apuro». Paul lo mira extrañado. «Eso no es posible, John. Las leyes de Newton impiden que nuestra nave se mueva sin que actúe alguna fuerza externa sobre ella. El "centro de masa", aquel punto imaginario que representa la ubicación del promedio de todas las masas de la nave, permanecerá inmóvil. Lo que sucederá es que nos moveremos en dirección a la estación sólo mientras la manzana esté en vuelo hacia mí, pero en cuanto yo la atrape, el golpe empujará a la nave en dirección contraria y quedaremos nuevamente en reposo. Nos moveremos una distancia despreciable. ¿Quieres que haga el cálculo en detalle?»

John le lanza contrariado la manzana, con fuerza, y se queda en silencio mirando cómo Paul juega con ella, pensativo, lanzándola de una mano a la otra. Repentinamente, recobra su entusiasmo: «¡Ya lo tengo, Paul!, basta con que ahora intercambiemos nuestra posición. Tú vienes a sentarte aquí y yo voy a tu lugar. Como pesamos lo mismo, esta operación no moverá la nave. Una vez que estés aquí, me lanzas la manzana para que nos movamos un poquito más hacia la estación. Repetimos la operación muchas veces hasta que alcancemos nuestro destino». Paul, confundido, se queda en silencio y está a punto de rendirse cuando se da cuenta de la falacia: «Tu línea de pensamiento es ingeniosa como siempre, John, pero contiene un error». Levanta la voz un poco para proseguir, «¡Cuando cambiemos de posición no pesaremos lo mismo! Yo tengo la manzana, por lo que peso más que tú. De este modo, cuando hagamos el cambio la nave se desplazará en dirección contraria a la estación y al repetir la operación sólo lograremos un zigzagueo inconducente».

Abochornado ante tan impecable argumento, John se queda paralizado mirando hacia la profunda negrura espolvoreada de estrellas que adorna la escotilla tras la cabeza de Paul. «Tienes razón, pero al menos deberás conceder que entonces hay algo muy extraño. Algo que Newton debió haber pasado por alto. Supón que la manzana tuviera masa cero». Se detuvo al comprobar la sonrisa burlona con la que Paul lo miraba en ese instante. «Sí, masa cero», continuó. «Podríamos, por ejemplo, lanzarnos fotones en lugar de manzanas. Concretamente, supón que cada uno de nosotros tiene un láser capaz de lanzar pulsos de luz, provisto de un sistema de recarga que a su vez utiliza energía lumínica. La luz también ejerce presión, por lo que la situación con sus pulsos es la misma que con las manzanas. Por así decirlo, yo disparo un fotón hacia ti y la nave se mueve, hasta que el fotón es absorbido por el sistema de recarga de tu láser y se detiene. Ahora, sin embargo, los dos pesaremos lo mismo ya que el fotón absorbido por tu láser tiene masa cero, no pesa, por lo que podríamos intercambiar posiciones sin que la nave se mueva.»

Ambos permanecen un largo rato pensativos, mirando la estación que flota en la lejanía, apenas iluminada en la lóbrega inmensidad del espacio. Saben que algo en el argumento de John no suena bien. De pronto, los rostros de ambos se iluminan. Quizás no puedan salvarse, pero al menos han entendido algo profundo y bello: «A menos que», dice Paul, y John, asintiendo con resignación, se suma para completar la frase al unísono, «¡A menos que la energía del fotón que nos intercambiamos sí pese!».

En efecto, si la energía no pesara seríamos capaces de construir extraños aparatos que podrían moverse sin interactuar con nada, en flagrante violación de una ley fundamental del movimiento que intuyó Galileo Galilei y estableció definitivamente Isaac Newton. Así, la relación entre la masa y la energía brindada por la icónica fórmula de Einstein, por muy revolucionaria que resulte, es una celosa y conservadora guardiana de una de las más antiguas certidumbres alcanzadas sobre el movimiento de los cuerpos.

La energía está en la masa (y viceversa)

Hay dos consecuencias particularmente fascinantes de la fórmula de Einstein. La primera es de índole práctica: ¿es posible extraer esa energía y transformar cualquier trozo de materia en energía útil? Ningún experimento podía dar cuenta del fenómeno en 1905, pero los siguientes treinta años serían testigos de grandes avances en la comprensión del núcleo atómico, que permitirían observar directamente la conversión de masa en energía en ciertas reacciones nucleares. Apenas se dio cuenta de las posibilidades bélicas que esto ofrecía en un mundo convulsionado por los vientos de guerra que llegaban desde Alemania, tan pronto como Enrico Fermi y Leó Szilárd identificaron las posibilidades que brindaba el uranio para estos fines, Einstein escribió junto a Szilárd una carta al presidente Franklin Delano Roosevelt alertándolo de la situación. La Segunda Guerra Mundial recién había comenzado y había indicios de que Alemania también estaba explorando estas posibilidades al dedicar una sospechosa atención a las minas de uranio que estaban en los territorios que comenzaba a controlar. Ya veremos en el capítulo «Nubes sobre Kokura» más detalles sobre esta historia.

La segunda consecuencia tiene relación con nuestra comprensión del universo, ¿será que la masa de todas las cosas no es más que la energía almacenada en su estructura microscópica? En efecto, la masa de la materia está dada principalmente por la de los nucleones: protones y neutrones que pueblan los núcleos atómicos. Estos están hechos de quarks, cuyas masas intrínsecas —de las que es responsable el inefablemente célebre bosón de Higgs— apenas dan cuenta del 1 por ciento de la de los nucleones. Los quarks permanecen unidos debido a una interacción conocida como «fuerza fuerte», de magnitud enorme en las escalas de longitud muy pequeñas. Así, la masa de los protones y los neutrones resulta, en casi un 99 por ciento, de la energía cinética de los quarks y de sus interacciones.

LA FÓRMULA DEL SARGENTO PIMIENTA

La física de Einstein y la música de Schoenberg significaron el punto de partida del modernismo en sus respectivas disciplinas. Einstein se transformaría en una celebridad. Su cabello cano, largo y despeinado, y su poblado bigote que redondeaba el aire bonachón de su rostro, sintetizarían la imagen estereotipada del científico, mientras que su fórmula más famosa quedaría en la memoria de todos como un monumento a aquello sagradamente incomprensible. Schoenberg, en cambio, pasaría mucho más desapercibido, a pesar de que su mano invisible esté detrás de casi todo lo bueno que escuchamos hoy. Liberó las posibilidades cromáticas de la música al formalizar la atonalidad, democratizando el uso de las doce teclas de una octava del piano —negras y blancas— en toda composición. Esto dio inicio a lo que luego se denominó «serialismo».

Uno de los más importantes y controversiales herederos de esta tradición fue el alemán Karlheinz Stockhausen. Paul McCartney conoció su música en 1966 y llevó sus técnicas al estudio de los Beatles que entonces grababan el álbum *Revolver*. Poco después vio la luz *Sgt. Pepper's Lonely Hearts Club Band*, considerado el punto más alto de la música pop. En su carátula aparece un grupo numeroso y variopinto de personas que acompaña a la banda. Dispuestos como si posaran para un fotógrafo delirante, conforman un caleidoscopio en el que se funden escritores, artistas, músicos, intelectuales, actores, deportistas, boxeadores y gurúes. Una comparsa carnavalesca, salpicada de colores, en la que conviven la cultura popular con las bellas artes y la gran cultura, señal de identidad de la llamada cultura pop. Algo escondidos en este rocambolesco cuadro y cerca el uno del otro, se los puede ver a ellos, Albert Einstein y Karlheinz Stockhausen, sintetizando la belleza que emerge de lo más técnico y complejo, radiando su luz, mirándonos desde el arca de la alianza del pop. $E=mc^2$, como cualquier obra del *pop art*, trascendió a su autor y a su contenido. Al ritmo de las guitarras frenéticas y atonales que los Beatles le deben en última instancia a Schoenberg, se transformó en un ícono de nuestra cultura. La entendamos o no.

7

Áureo fulgor relativista

Nueve segundos después del disparo giró ligeramente el cuello hacia su izquierda para ver el marcador electrónico. Un par de zancadas más tarde —o, para ser más precisos, cincuenta y ocho centésimas de segundo después— atravesó la línea de meta para pulverizar el récord mundial de los cien metros llanos y convertirse en el ejemplar más rápido de su especie. Muchas imágenes se amontonaron en su cabeza mientras escuchaba el himno de Jamaica desde lo alto del podio: recuerdos de infancia, los años de reprimendas de sus primeros entrenadores por su escasa dedicación y los de esfuerzo sostenido a pesar del futuro incierto cuando ya su talento era una realidad irrefutable. Lo que realmente deseaba Usain Bolt en esos momentos era poder verse a sí mismo asaltando la gloria desfachatadamente a través de la mirada omnisciente de la televisión, como si estuviera viendo a otro, y en esto pensaba mientras examinaba la medalla que había apartado de su pecho para verla de cerca. Ese domingo 16 de agosto de 2009, como tantas otras veces antes y después, a pocos días de cumplir veintitrés años, Bolt se entregó a la seducción de ese suave resplandor áureo sin saber que el fulgor amarillo tenía una historia detrás que involucraba al mismísimo Albert Einstein.

LA QUÍMICA DEL PODIO

Arriba el oro, luego la plata y abajo el bronce, aleación cuyo ingrediente principal es el cobre. Es el orden en que los deportistas son premiados en el podio. En esa misma disposición, pero de abajo hacia arriba, se encuentran los elementos químicos que conforman las medallas en la columna número once de la tabla periódica. ¿Qué coincidencia cósmica llevó a que la organización de los átomos vislumbrada en 1869 por Dmitri Ivánovich Mendeléyev se viera reflejada en los premios que el Comité Olímpico Internacional —y tantas otras federaciones, asociaciones e instituciones— ofrece a los deportistas?

La tabla periódica ordena los átomos en forma ascendente según la carga eléctrica de sus núcleos; es decir, del número de protones que contienen. Comienza por el hidrógeno, que tiene uno, el helio posee dos, el litio tres y así sucesivamente. Se despliega en filas horizontales que ponen de manifiesto la periodicidad con que se presentan distintas propiedades químicas en aquellos elementos que comparten una columna. Salta a la vista de inmediato que mientras la primera fila tiene dos elementos, la segunda y la tercera tienen ocho, la cuarta y la quinta dieciocho y las últimas dos treintaidós. De modo que el «ritmo» con el que reaparecen las características químicas comunes a los elementos de una columna varía de una fila a otra.

La Mecánica Cuántica fue capaz de explicar el motivo de esta periodicidad. Se debe a la forma en que se disponen los electrones alrededor del núcleo: en capas, como si se tratara de una cebolla. La primera capa admite hasta dos electrones y la segunda hasta ocho, como las filas de la tabla periódica. A partir de la tercera, adquiere relevancia una subdivisión de las capas en algo que llamamos «orbitales», que también podrían numerarse pero los químicos han preferido denominarlos con letras: s, p, d y f. Estos pueden contener, respectivamente, hasta dos, seis, diez y catorce electrones. No es difícil comprobar que las cuotas de cada fila de la tabla periódica corresponden a sumas de estos números; por ejemplo: dos, seis y diez suman dieciocho, mientras que si a estos tres números les añadimos el catorce obtenemos treinta y dos.

Las propiedades químicas más evidentes de un átomo tienen que ver con el número de electrones del último orbital ocupado. Son estos los que, al estar más lejos del núcleo y, por lo tanto, más débilmente aferrados a él, están dispuestos a coquetear con átomos vecinos para establecer uniones de hecho a las que llamamos moléculas. La última columna de la tabla periódica, por ejemplo, contiene a todos los átomos cuya capa más externa está llena, por lo que no se vinculan con ningún otro. A estos autistas del universo atómico se los llama gases nobles, como el helio, el neón o el argón.

EL ELECTRÓN SOLITARIO DE LA UNDÉCIMA COLUMNA

¿Qué tiene de especial la undécima columna de la tabla periódica? El cobre, por ejemplo, tiene veintinueve electrones. Las tres primeras capas admiten hasta veintiocho. En el átomo de cobre están llenas y hay un único electrón sobrante que vagabundea solitario en el orbital s de la cuarta capa, muy dispuesto a serle infiel con la materia circundante. Se lo llama «electrón de valencia». La plata está dieciocho posiciones después. Su docena y media de electrones adicionales permiten llenar otra capa, dejando nuevamente un electrón desamparado en el orbital s, esta vez de la quinta capa. Son necesarios treinta y dos electrones más para llegar al elemento setenta y nueve, el oro, volviendo a encontrarnos con el huraño electrón del orbital s, ahora de la sexta capa. El oro está en la última fila de elementos gordos y estables. Sólo cuatro lo exceden en peso: el mercurio, el talio, el plomo y el bismuto.

Es precisamente este electrón solitario del orbital s el responsable de que estos tres elementos sean los mejores conductores de electricidad y calor que podemos encontrar en la tabla periódica. También de que sean maleables y hayan permitido al hombre desde tiempos muy remotos moldearlos en la fabricación de objetos. Un simple electrón huidizo, juguetón y exogámico explica también la resistencia a la corrosión y la atractiva apariencia de estos metales. Su magnético brillo. A pesar de sus similitudes, el cobre es por lejos el más abundante de los tres en la corteza terrestre, seguido por la plata y finalmente el oro. Su precio es inversamente proporcional a su abundancia. De allí su jerarquía en el podio.

Para poder acuñar las medallas debemos reunir algo así como un cuatrillón de átomos. Estos se disponen espacialmente en una estructura ordenada: una red cúbica. Los átomos se acomodan en los vértices de cada cubo. En el caso del cobre y la plata, además, hay un átomo en el centro de cada cara, como si cada cubo fuera un dado que tiene cincos en todos sus lados. ¿Qué ocurre con la banda de un cuatrillón de electrones solitarios? Cuando los átomos se integran en una red, estas escurridizas partículas quedan, a todos los efectos prácticos, libres para desplazarse a su antojo. Dejan de ser propiedad de átomos particulares para moverse colectivamente como una nube que desconoce las rigideces del metal que habita. Los llamamos ahora «electrones de conducción».

EL BRILLO DEL ORO

El brillo es una propiedad de casi todos los metales. Los responsables son los electrones de conducción, capaces de transportar la electricidad y el calor. Los electrones superficiales reflejan la luz incidente, lo que explica su atractivo brillo, por lo que el metal sólo puede absorber una pequeña fracción de esta, transformándola en calor. Cuando una partícula de luz (o fotón) incide sobre el metal, los electrones libres pueden absorberla. Esta absorción será similar para los distintos colores del espectro visible, esto es, tanto para los rojos (de menor energía) como para los azules (de mayor energía), y todo el arcoíris entre ambos. El hecho de que el metal absorba todos los colores por igual implica que la luz reflejada sólo podrá disminuir en intensidad pero sin cambiar su color. Es así como la mayoría de los metales muestran distintos tonos de gris.

Hay ciertos metales que, sin embargo, son coloridos. Lo anterior se debe a los electrones de las capas de menor energía, esos que estaban en la capa llena inmediatamente inferior. Si un fotón suficientemente energético incide sobre el metal, puede romper las filas de esa capa y llevar un electrón a la de conducción. En el caso del cobre, por ejemplo, esto ocurre para fotones con energía similar al color amarillo o mayor (verde, azul). Lo anterior significa que el cobre absorbe más estos colores, reflejando los rojos y anaranjados, explicando así su color. En el caso de la plata son necesarios fotones de energía ultravioleta para lograr el mismo fenómeno. Pero como esta luz es invisible a los ojos, no hay efecto óptico que percibamos y la plata no tiene color. En el caso del oro esperaríamos que las cosas fueran aún más drásticas y, por lo tanto, que fuera también incoloro.

Pero el oro es un elemento con tanta carga eléctrica en el núcleo que los electrones que pasan cerca de este deben moverse extremadamente rápido, a una fracción de la velocidad de la luz, para poder orbitarlo. Así, es necesario considerar los efectos de la Teoría de la Relatividad Restringida de Einstein. En ella las distancias se contraen para observadores en movimiento. Los electrones de la capa de conducción en materiales de la undécima columna son de los que pueden acercarse (¡también alejarse!) más al núcleo, alcanzando las más grandes velocidades.

Es por esta razón que perciben el núcleo más cerca de lo que esperaríamos si no tuviéramos en cuenta este efecto. De este modo, la energía que requiere un electrón de la capa de abajo para saltar a la de conducción es menor a la ingenuamente esperada. Gracias a la relatividad no se necesitan fotones ultravioletas sino verdes o azules. El oro absorbe más estos colores, reflejando con mayor intensidad los amarillos y rojos, lo que le brinda su color característico. Ése que ejerce un poder narcótico sobre la mirada ausente del orgulloso Usain, aún sin saber que ese fulgor, al igual que el propio, es un asunto de velocidad.

En la undécima columna hay un cuarto elemento, el roentgenio, justo debajo del oro. Siguiendo la lógica, la medalla de este material debería ser la más valiosa de todas. Pero el roentgenio es inestable. Tiene una vida media de veintiséis segundos. Es probable que allí se encuentre la explicación de esa llamativa actitud de los futbolistas, quienes, tras recibir una meritoria medalla de plata, se la sacan en cuanto abandonan el podio. Fantasean, quizás, con que sus preseas sean de roentgenio.

8

El hombre que era jueves

Un milagro tuvo lugar en Berlín cada jueves de noviembre de 1915. En medio de la agitación de la Primera Guerra Mundial, Albert Einstein compareció semanalmente en la sede de la Academia Prusiana de las Ciencias —de la que era miembro desde hacía un año— para comunicar sus sobrehumanos avances en la comprensión de la fuerza que gobierna desde el Sistema Solar hasta el propio universo en su totalidad. El último de esos jueves presentó las ecuaciones de la Teoría de la Relatividad General, obra cumbre de la historia del pensamiento.

Si quisiéramos encontrar un punto de partida para esta odisea personal, deberíamos remontarnos a una lluviosa tarde del otoño de 1907 en la que Einstein tuvo, según sus propias palabras, «el pensamiento más feliz de mi vida».[57] Estaba en su despacho, en Berna, escribiendo un largo artículo que revisaba minuciosamente cada detalle de su Teoría de la Relatividad Restringida cuando, en el intento de desarrollar un ejemplo que incluyera a la fuerza gravitacional, advirtió el grave

---

[57] Albert Einstein, «Fundamental Ideas and Methods of the Theory of Relativity, Presented in their Development», manuscrito fechado el 22 de enero de 1920 y publicado en *The Collected Papers of Albert Einstein, Vol. 7: The Berlin Years: Writings, 1918-1921*, Princeton University Press, 2002.

problema: la Ley de la Gravitación Universal de Isaac Newton era claramente incompatible con esta. La teoría de Newton requería conocer distancias entre objetos, midiendo su posición simultáneamente. Pero, como ya vimos en «Luz y tiempo», ni la distancia ni la simultaneidad son nociones absolutas. ¿Cómo incorporar, entonces, la gravitación newtoniana al espacio-tiempo relativista? Rápidamente se dio cuenta de que esto no sería posible sin modificar de algún modo las ideas de Newton, una osadía temeraria teniendo en cuenta el fabuloso registro de éxitos que estas podían arrogarse, desde la predicción precisa de eclipses hasta la de planetas como Neptuno. Miró desconsolado a través de la ventana.

Desde el tercer piso del gran edificio neoclásico de anchos muros en el que funcionaba la oficina de patentes, apenas se escuchaba la fina lluvia que caía. Contemplaba distraído las gotas que golpeaban, una a una, los adoquines mojados de la calle cuando de pronto se imaginó a sí mismo cayendo por la ventana. ¿Y si acompañara a la fresca llovizna otoñal en su despreocupada caída? En ese instante preciso un pensamiento luminoso y revelador conquistó su mente. Si se dejara caer al vacío —y pudiera ignorar los efectos de la atmósfera, siguiendo el curso del pensamiento de Galileo cuando este aseguraba que todos los objetos caerían del mismo modo— vería las gotas de lluvia quietas a su alrededor, como si no estuvieran sujetas a la fuerza gravitatoria. Si soltara en la caída una manzana que llevara consigo, esta permanecería a su lado, flotando, como si no pesara nada. En definitiva, se dio cuenta de que podría anular la fuerza de gravedad acelerándose en dirección al suelo. Aficionado a los experimentos mentales, se conformó con haber imaginado esta situación hipotética y, por fortuna, no la puso en práctica. Como él lo describiría años después: «Si una persona cayera libremente no sentiría su propio peso. Estaba fascinado. Este simple pensamiento dejó una profunda impresión en mí. Me impulsó hacia una teoría de la gravitación».[58] Fue el inicio de un largo recorrido que culminaría ocho años después, durante el otoño de 1915, un día jueves.

PLANO Y CURVO

En la Teoría de la Relatividad General de Einstein, la gravitación no es otra cosa que el efecto de la curvatura del espacio-tiempo. Para hacernos una idea de lo que esto significa, es importante que comencemos por preguntarnos qué es y cómo podemos evidenciar la curvatura. Consideremos primero un espacio sin curvatura de dos dimensiones, es decir, un espacio plano como una hoja de papel. Se trata de un lugar atiborrado de bellas propiedades en las que, por costumbre, usualmente no reparamos. Podemos, por ejemplo, dibujar en ella rectas paralelas que jamás se intersectarán. En general, la hoja plana nos permite utilizar toda la geometría de Euclides que aprendimos de niños y que nos dice que los ángulos internos de cualquier triángulo suman ciento ochenta grados, o que el teorema de Pitágoras es inexorable. Esto nos permite dotar de coordenadas cartesianas al folio de papel, transformándolo en la página cuadriculada de un cuaderno de matemáticas. Cada punto que dibujemos será etiquetado por un par de números y la distancia entre puntos podrá ser calculada mediante el teorema de Pitágoras.

---

[58] Albert Einstein, «How I Created the Theory of Relativity», conferencia impartida en la Universidad de Kyoto el 14 de diciembre de 1922, publicada en: Jun Ishiwara, *Einstein Kyozyu Kôen-roku (Record of Professor Einstein's Lectures)*, Kaizô-sha, 1923. Ishiwara había trabajado bajo la supervisión de Einstein en Zurich y lo acompañó durante su viaje a Japón. Véase también el capítulo «Nubes sobre Kokura».

La curvatura rompe con buena parte de las enseñanzas de Euclides. Para verlo, hagamos el siguiente experimento en la superficie de la Tierra. Suponga que Albert está en el Polo Sur y avanza hacia el Norte a lo largo de un meridiano hasta llegar al Ecuador, recorriendo así un cuarto de circunferencia terrestre. Se puede decir que su trayectoria fue «recta», en el sentido de que fue la más corta posible entre los puntos de partida y llegada. Imagine que Albert gira allí noventa grados hacia su izquierda y marcha sobre el Ecuador una distancia idéntica hacia el Oeste. Finalmente, gira otros noventa grados hacia la izquierda y se encamina de vuelta al polo a lo largo de un meridiano. Habrá dibujado en su trayecto un triángulo sobre la superficie terrestre. Con sus tres ángulos rectos y sus tres lados iguales, este inusual triángulo no satisface el teorema de Pitágoras. Y la suma de sus ángulos internos es de doscientos setenta grados. ¿Extraño? ¡Claro! Es el precio a pagar por hacer geometría en espacios curvos. Si aún no se convence, intente cuadricular una manzana.

Veamos otro ejemplo. Albert y Marcel, separados un kilómetro sobre el Ecuador, deciden avanzar hacia el Sur a igual velocidad y en línea recta; es decir, cada uno a lo largo de un meridiano. Si aplicaran sus conocimientos de geometría euclídea, ignorantes de estar sobre una superficie curva, dirían que siguen caminos paralelos que jamás se unirán, ya que partieron su movimiento rectilíneo con idéntica dirección. A medida que avanzan, sin embargo, descubren que se están acercando —ya que los meridianos convergen hacia el Polo Sur—. En caso de que ignoraran el hecho de que la Tierra es curva, los dos amigos podrían hacer interpretaciones tan exóticas como interesantes; pensar que quizás una fuerza misteriosa esté actuando, desviándolos de su camino recto original para acercarlos progresivamente. O que tal vez rumbo al Sur las cintas métricas se dilatan, haciendo parecer que la distancia entre ambos se reduce. Como veremos luego, estas interpretaciones son equivalentes y simplemente nos indican que la Tierra es curva.

Podríamos pensar erróneamente que, a pesar del ejemplo anterior, existen rectas paralelas sobre la Tierra que nunca se intersectan. Que basta dibujar dos «paralelos», círculos de latitud constante, y tendremos lo que deseamos. Sin embargo, el engaño está en que salvo por el Ecuador, los paralelos no son líneas rectas sobre la esfera terrestre. Podemos convencernos de ello, por ejemplo, mirando las rutas aéreas entre dos ciudades de latitud similar, como Madrid y Nueva York. La trayectoria no va a lo largo del paralelo 40^0, sobre el que se encuentran ambas ciudades, sino que se desvía hacia el Norte, como si una «fuerza» similar a la que actuaba sobre Albert y Marcel estuviese atrayendo al avión hacia el Polo Norte. También podríamos concluir, como en el ejemplo anterior, que las cintas métricas se dilatan hacia el Norte, por lo que los pilotos, conscientes de ello, desvían hacia allá su ruta para acortar el viaje. Pero es más fácil entenderlo como un simple efecto de la curvatura de la Tierra, que se puede ver más claramente si nos situamos en el Polo Norte, dibujamos un círculo alrededor nuestro —un «paralelo» de, digamos, un metro de radio— y nos preguntamos por la trayectoria más corta entre dos puntos que se encuentran sobre este paralelo. El pequeño círculo deja en evidencia que la trayectoria de latitud constante no es la más corta. Debemos unir los puntos a lo largo de una línea recta que pasa por dentro del círculo, es decir, se acerca al Polo Norte.

La distinción entre espacios planos y curvos se extiende más allá de las dos dimensiones de estos ejemplos, pero deberemos renunciar a una representación gráfica. La superficie terrestre, bidimensional, se aparta del plano curvándose en una tercera dimensión. De igual modo, un espacio tridimensional curvo nos obligará a intentar una representación que como mínimo habrá de ser tetradimensional,[59] algo que parece estar fuera de las posibilidades imaginativas del cerebro humano. Pero no de su capacidad de abstracción.

El espacio-tiempo de Einstein es aún más difícil de intuir ya que tiene cuatro dimensiones y curvatura. Como discutimos en «Luz y tiempo», la constancia universal de la velocidad de la luz en el vacío, marca de identidad de la Teoría de la Relatividad Restringida, condena al espacio y al tiempo a formar parte de una entidad única e indisoluble: el espacio-tiempo, concebido originalmente por Minkowski. Separarlos sería tan absurdo como intentar emancipar los ejes cartesianos de una hoja cuadriculada. La teoría nos dice que los lapsos temporales y las distancias dependen del observador pero que existe una combinación especial de ambas, la distancia espacio-temporal, que por un análogo del teorema de Pitágoras es absoluta. El hecho de que exista esta suerte de «teorema de Pitágoras» en el espacio-tiempo es una evidencia —imposible de probar sin entrar en tecnicismos mayores— de que, por exótico que este espacio tetradimesional parezca, es un espacio plano.

Cabe preguntarse, entonces, ¿qué ocurre si el espacio-tiempo se curva? ¿Cómo describimos y detectamos su curvatura? Einstein necesitó diez años de titánico esfuerzo para formular estas preguntas, entender las matemáticas que se requerían para escribirlas en un lenguaje depurado y preciso, y brindar luego una respuesta tan inesperada como certera: de dicha curvatura, como por arte de magia, nace la fuerza de gravedad. El jueves 25 de noviembre de 1915 presentó en Berlín la forma definitiva de las ecuaciones de la Relatividad General, revolucionando el paradigma sobre el que reposaba la Ley de la Gravitación Universal establecida por Newton hacía más de tres siglos.

---

[59] Veremos más sobre esto en el capítulo «Ocaso de una mente brillante».

En caída libre

«Principio de Equivalencia» fue el nombre con el que Einstein bautizó esa primera idea que tuvo en 1907, en Berna. En un manuscrito nunca publicado escribió: «Entonces tuve el pensamiento más feliz de mi vida en la forma siguiente: En un ejemplo digno de consideración, el campo gravitacional sólo tiene una existencia relativa [...]. *Porque para un observador en caída libre desde el tejado de una casa, no existe campo gravitacional mientras cae,* al menos en sus alrededores cercanos. En efecto, si el observador deja caer algunos objetos, estos permanecerán en reposo en relación a él [...], independientemente de su naturaleza química o física. El observador, por lo tanto, está en todo su derecho de interpretar su estado como de reposo».[60] El ejemplo más nítido de esto es el de la plácida flotación de los astronautas en la Estación Espacial Internacional en sus níveos trajes. ¿Por qué parecen despojados de la tiranía gravitacional terrestre? Muchos se apresurarán a responder que esta fuerza es despreciable a la distancia de la Tierra a la que se encuentran. ¡Falso! De hecho, están en órbita a unos cuatrocientos kilómetros de la superficie terrestre, donde la fuerza de gravedad disminuye apenas un 10 por ciento respecto de la que sentimos quienes vivimos aferrados al suelo. Lo que experimentan los astronautas es similar a lo que vivirían en un ascensor que cae al vacío. Es el hecho observado por Galileo de que todos los objetos, en ausencia del roce con el aire, caen de igual modo, independiente de su peso.

---

[60] Albert Einstein, «Fundamental Ideas and Methods of the Theory of Relativity, Presented in their Development», manuscrito fechado el 22 de enero de 1920 y publicado en *The Collected Papers of Albert Einstein, Vol. 7: The Berlin Years: Writings, 1918-1921,* Princeton University Press, 2002.

La Estación Espacial Internacional orbita la Tierra. Su trayectoria no es más que una continua caída. Todos los objetos en ella se mueven de modo idéntico, incluidos los astronautas. Esto produce la ilusión de que la gravedad ha desaparecido. Es el Principio de Equivalencia en acción. Dicho de manera más precisa, lo que este principio afirma es que no hay manera de distinguir, haciendo experimentos en su interior, entre una nave —o un ascensor— cayendo y otra dispuesta en algún punto del espacio interestelar en el que la gravedad sea nula. En realidad, siendo aún más rigurosos, este principio es válido cuando el ascensor es suficientemente pequeño y los tiempos de experimentación cortos —si se espera suficiente tiempo en el ascensor cayendo, eventualmente se dará cuenta, si bien trágicamente, de que no estaba en el espacio exterior—. Recíprocamente, no hay forma de distinguir haciendo experimentos en su interior entre un ascensor en reposo sobre la Tierra y otro que está acelerando, en el espacio exterior, con la aceleración gravitacional que se experimenta en la superficie terrestre. En ambos casos sentimos una atracción que nos une al piso y la consiguiente presión en los pies que podemos interpretar como resultado de la fuerza de gravedad.

Tiempo curvo

Hasta aquí no resulta evidente, ni mucho menos, que haya una relación entre el Principio de Equivalencia y la curvatura del espacio-tiempo. ¿Qué llevó a Albert Einstein, partiendo de este principio, a pensar en la necesidad de curvar el espacio-tiempo? Para entenderlo, hagamos un nuevo experimento mental. Albert y Marcel están ahora en una nave en el espacio interestelar, en ausencia de gravedad; Albert se encuentra en la proa y Marcel en la popa, ambos provistos de relojes idénticos, debidamente sincronizados. Albert prende y apaga una lámpara cada vez que su segundero hace clic y Marcel recibe el pulso de luz, comprobando que su reloj mantiene el mismo ritmo. Repentinamente, Albert enciende los motores, propulsando la nave con la aceleración gravitacional terrestre —es decir, aquella que experimentaríamos si nos arrojáramos por la ventana— y ahora ocurre algo extraño. Cada vez que Albert enciende la luz, la aceleración de Marcel hacia el haz le lleva a observar que, al ser la distancia recorrida por este cada vez más corta y la velocidad de la luz —en el vacío— una constante universal, el intervalo temporal entre dos encendidos consecutivos es menor, en su reloj, que aquel que medía cuando estaban quietos. Inexorablemente, no nos queda otra que concluir que Marcel percibirá que el ritmo del reloj de Albert ha aumentado respecto del suyo: Albert envejece más rápido por el mero hecho de estar en la popa de la nave.

Pero el Principio de Equivalencia nos dice que lo mismo debe ocurrir si la nave está posada verticalmente sobre la Tierra. ¡Los relojes que se encuentran más arriba deben apurar su ritmo! Este fenómeno puede resultar sorprendente y contrario a la intuición, pero tenemos la certeza de que ocurre, aunque a escalas humanas sea absolutamente imperceptible. De hecho, los satélites del Sistema de Posicionamiento Global (GPS) están a veinte mil kilómetros de altura y tienen a bordo relojes atómicos extremadamente precisos, utilizados para triangular la posición sobre el globo terráqueo. Se observa que estos relojes se adelantan treinta y ocho millonésimas de segundo cada día respecto de los que están en la superficie terrestre. Aunque parezca un intervalo de tiempo inapreciable, lo cierto es que en ese lapso la luz viaja once kilómetros, de modo que ésa sería la imprecisión que tendría el sistema GPS cada día si no se corrigiera este efecto en los cálculos. Como el sistema está basado en la transmisión y recepción de señales electromagnéticas, y en el cálculo de sus tiempos de viaje, es crucial entender los mecanismos de la Teoría de la Relatividad General para corregir la sincronía de los relojes —también de la Relatividad Restringida: los satélites orbitan a catorce mil kilómetros por hora, una velocidad suficientemente grande como para hacer que sus relojes se atrasen siete millonésimas de segundo por día; así, las treinta y ocho millonésimas mencionadas anteriormente son el resultado de restar estas siete a las cuarenta y cinco millonésimas de adelanto que predice la Relatividad General—. El GPS es la aplicación tecnológica más importante de la Teoría de la Relatividad General de Einstein. Su uso por parte de centenares de millones de personas constituye un importante volumen de experimentos que la comprueban cada día.

Por mucho que podamos medir esta extraordinaria consecuencia del Principio de Equivalencia, hay algo incómodo en todo esto: ¿relojes que marchan a distintos ritmos sólo por estar a distintas alturas? Parece tan descabellado y sobrenatural como la interpretación de Albert y Marcel sobre las cintas métricas que se dilataban a medida que ellos viajaban hacia el Sur. Después de todo, ya sabemos que la naturaleza del tiempo y la del espacio no son distintas, por lo que la comparación no es una analogía: ¡es exactamente el mismo fenómeno! Einstein se dio cuenta de esto y concluyó que, de algún modo, la gravedad curvaba el tiempo. Durante años se traicionó pensando sólo en este efecto, pero acabó reconciliándose consigo mismo, siendo fiel a su propia idea de que tiempo y espacio son inseparables. No era posible que sólo el tiempo estuviera curvado. La gravedad debía ser una manifestación de la curvatura del espacio-tiempo.

CURVATURA Y GRAVEDAD

El hecho de que la gravitación debiera ser el resultado de una propiedad geométrica del espacio-tiempo ya era evidente para Einstein en 1912. Lamentablemente, a pesar de que los matemáticos —y entre ellos, muy especialmente, el alemán Bernhard Riemann— habían desarrollado la «tecnología» necesaria para lidiar con espacios curvos de cualquier dimensión durante el siglo XIX, esta le era totalmente ajena y desconocida, como lo era para la inmensa mayoría de los físicos de la época. Einstein, por fortuna, mantenía una perdurable amistad con su ex compañero de carrera, el matemático húngaro Marcel Grossmann, quien aprovechó su flamante designación como decano de la sección de física y matemática de la Escuela Politécnica Federal de Zurich, para ofrecerle un puesto allí. Si bien en ese momento empezaban a llegarle varias ofertas de trabajo —contaba con los imponentes apoyos de Marie Curie: «Si una tiene en cuenta que el señor Einstein es todavía muy joven, tiene todo el derecho de justificar las más grandes expectativas puestas en él y verlo como uno de los líderes de la física teórica en el futuro»,[61] y Henri Poincaré: «El futuro mostrará cada vez más la valía del señor Einstein y la universidad suficientemente inteligente para atraer a este joven maestro se asegurará alcanzar grandes honores»[62]—, Einstein se mostró feliz de regresar a Zurich. Esta mudanza, en agosto de 1912, resultó providencial. A través de Grossmann pudo conocer la geometría de Riemann, el formalismo que le permitió lidiar con la curvatura del

---

[61] Marie Curie, carta de recomendación escrita en noviembre de 1911, reproducida en: Carl Seelig, *Albert Einstein, Eine Dokumentarische Biographie*, Europa Verlag, 1954.
[62] Henri Poincaré, carta de recomendación escrita en noviembre de 1911, reproducida en: Carl Seelig, *Albert Einstein... Ibíd.*

espacio-tiempo y con el que se abocó a la búsqueda de las ecuaciones que habrían de describir los fenómenos gravitacionales.

Las expresiones matemáticas que definen rigurosamente a aquello que entendemos por la Teoría de la Relatividad General, hoy conocidas como «ecuaciones de Einstein», y que él presentó en Berlín ese inolvidable jueves 25 de noviembre de 1915, establecen que es el contenido energético de los cuerpos el responsable de curvar el espacio-tiempo. Así, cualquier cosa que contenga energía podrá retorcer la estructura fundamental en donde transcurren los fenómenos físicos, deformar el escenario en el que acontecen los eventos. En particular, un objeto que tenga masa lo hará, ya que el mismo Einstein mostró, en su más icónica fórmula, que la masa era energía.

En la Teoría de la Relatividad General, la curvatura del espacio-tiempo es la responsable de los fenómenos gravitacionales. Las trayectorias de los objetos son «líneas rectas» en este espacio; esto es, las trayectorias «más cortas», en un sentido al que no le podemos hacer total justicia sin surcar las aguas de la geometría de Riemann. Por supuesto que, tan difícil como resulta imaginar un espacio tetradimensional curvado, lo es hacerse una representación de cómo son allí estas «líneas rectas». Es por ello que no reconocemos ninguna «rectitud» en las trayectorias que describen los astros que se mueven en campos gravitacionales. Pero recordemos el ejemplo del avión, cuya ruta parece acercarse de modo misterioso al Polo Norte, como si una fuerza lo impulsara. Si miramos un mapa plano estándar, la trayectoria tampoco luce recta.

Los planetas giran en torno al Sol impulsados por aparentes fuerzas que no son otra cosa que el resultado de su movimiento en un espacio-tiempo curvo. Allí, esas órbitas son las «líneas rectas». Esto explica además por qué todos los objetos se mueven exactamente de igual forma en un campo gravitacional dado: las trayectorias a seguir son independientes de ellos, al igual que una ruta aérea entre dos ciudades es la misma para todos los aviones, sin importar su tamaño, ni su masa, ni ninguna otra propiedad. Las órbitas están inscritas en la accidentada geografía del espacio-tiempo. Como cuando subimos una montaña por un sendero y vamos desviando nuestro paso, hacia un lado o hacia el otro, caminando siempre «en línea recta», simplemente siguiendo el trazado. La fuerza de gravedad newtoniana, esa entelequia que guiaba con mano invisible el movimiento de los astros, fue sustituida para siempre por algo más simple: la curvatura del espacio-tiempo.

Principio de Equivalencia y curvatura

Una lectura atenta de lo explicado hasta aquí parece dejar a la luz una contradicción. Si, como dicta el Principio de Equivalencia, la «caída libre» —ese arrojarse por la ventana que imaginó Einstein en su despacho de Berna— hace desaparecer la fuerza de gravedad, ¿cómo se compatibiliza esa posibilidad de «apagar» la gravedad dejándose caer, con el hecho de que esta sea una cualidad física, real e intrínseca, de la geometría del espacio-tiempo? La respuesta está en un punto que mencionamos antes al pasar: el Principio de Equivalencia sólo es válido en las inmediaciones del observador que cae, tanto espaciales como temporales. La pregunta que surge de inmediato es cuán grandes son estas «inmediaciones». Veamos un ejemplo. Si consideramos el campo gravitacional de la Tierra y un ascensor cayendo por unos segundos, Albert y Marcel experimentarán una ingravidez perfecta. Realmente será imposible para ellos saber si están cayendo en la Tierra o flotando en el espacio exterior. Lo mismo que ocurre con los astronautas en la Estación Espacial Internacional. La razón es que tanto el ascensor como el satélite son muy pequeños en comparación con la Tierra.

Más estrictamente, la distancia a la que nos encontremos del centro de esta es la que define la escala con la que debemos comparar los sistemas —ascensores, naves o físicos que se defenestran— para determinar si son suficientemente pequeños, de modo tal que el Principio de Equivalencia sea válido en ellos. También es importante, por supuesto, la masa del cuerpo responsable del campo gravitacional: cuando mayor sea esta, más grande resultarán sus efectos sobre la curvatura y, por lo tanto, más reducida la región espacio-temporal a la que podamos llamar «inmediaciones».

Si ahora imaginamos un ascensor enorme, de tamaño comparable a la Tierra, podremos convencernos rápidamente de que el Principio de Equivalencia se viola. Basta notar que la atracción gravitacional actúa radialmente, «hacia abajo», en dirección al centro del planeta —por eso los edificios se yerguen verticales al suelo en cualquier punto del globo—, y que las trayectorias radiales jamás son paralelas, sino que se van acercando, como las púas de un erizo, hasta intersectarse en el centro de la Tierra. De este modo, si el ascensor es muy grande, Albert y Marcel, posicionados en extremos opuestos, verán que se acercan el uno al otro a medida que caen. El fenómeno es análogo al que describimos antes, en el ejemplo bidimensional en el que, mientras caminaban hacia el Sur, Albert y Marcel se acercaban progresivamente debido a la curvatura de la superficie terrestre. Esta desviación de las «líneas rectas» que comienzan paralelas es una medida exacta de la curvatura del espacio-tiempo.

A la atracción que Albert y Marcel experimentan por estar sometidos al mismo campo gravitatorio pero estando alejados, se la conoce como «fuerza de marea». La Tierra, por ejemplo, tiene un tamaño menor pero comparable a la distancia a la Luna, por lo que el campo gravitatorio de esta produce fuerzas de marea apreciables, dando lugar a aquello que precisamente llamamos «mareas», bajas y altas. El agua de los océanos y mares hace las veces de Albert y Marcel. Si la Luna estuviera sobre la línea imaginaria que pasa por ambos polos —a modo de ejemplo, para ayudar a visualizar la geometría en ausencia de ilustraciones—, las masas de agua que están rodeando esa línea —digamos, en una franja ancha centrada en el Ecuador— experimentaría estas fuerzas de marea de naturaleza atractiva. Como resultado, si pensamos —para simplificar— a los mares y océanos como una envoltura esférica de la Tierra, la mano invisible de las fuerzas de marea provocaría un estrechamiento de la superficie del agua en el Ecuador, y el consiguiente estiramiento de la misma en los polos.

Si el Principio de Equivalencia es una propiedad geométrica del espacio-tiempo, entonces debería tener un análogo sobre una superficie curva como la terrestre. De hecho, lo tiene y es una experiencia muy familiar: se trata de la dificultad para percibir la curvatura de la Tierra cuando se tiene acceso a un área pequeña del globo terráqueo. Al contemplar un campo de fútbol, una plaza o una avenida, estaríamos dispuestos a afirmar con razón que la Tierra es plana. ¿Ha pensado alguna vez cómo sabemos que la Tierra es, efectivamente, redonda? No se nos escapa que parezca esta una pregunta absurda cuando disponemos hoy de imágenes de nuestro planeta tomadas desde el espacio. La más célebre y popular es la «canica azul» que obtuviera la misión Apolo 17. Allí se ve, conmovedoramente frágil, intrascendente y solitario, nuestro pedrusco flotando en la oscura inmensidad del cosmos. Pero hasta entonces la visión exterior del planeta no era una imagen instalada en la consciencia colectiva de nuestra especie, si bien los globos terráqueos ya se empezaron a utilizar en la Antigua Grecia, fruto de la maravillosa capacidad deductiva de Eratóstenes y no de la observación directa.

No resulta tan evidente la redondez de nuestro planeta. La Tierra parece plana para un observador casual, ya que para todos los efectos prácticos lo es. Si contemplamos la superficie de un lago o de un campo de frutillas, nada nos impele a pensar en un planeta redondo. Para descubrir la curvatura de la superficie terrestre es necesario hacer experimentos cuidadosos y seguir líneas argumentales de cierta sofisticación. La razón última es que somos pequeños comparados con el radio de la Tierra y hasta hace no mucho estábamos condenados a arrastrarnos sobre su superficie. Para escrutar la forma de la tierra es necesario moverse, como hizo tempranamente Eratóstenes aguzando el ingenio —o, sobre todo, muchos siglos después, los audaces navegantes portugués y español, Fernão de Magalhães y Juan Sebastián Elcano—, en áreas grandes del planeta, comparables con su tamaño. En nuestras inmediaciones próximas todo es plano, no hay forma de percibir la curvatura de la Tierra.

El universo es bello

Si todo esto le parece extraño, hay que decir que tiene usted algo de razón. Einstein planteó una teoría de la gravedad distinta a la de Newton, usando un formalismo matemático muy complejo para la época. Intentó modificar las ideas más arraigadas de la física sin mayores sustentos experimentales. En contra de cualquier libro de texto sobre el método científico, Einstein postuló una hipótesis que modificaba en forma radical los cimientos de la física, empujado sólo por las contradicciones que encontró en la lógica interna de las leyes de esta ciencia. Las teorías del electromagnetismo y la Relatividad Restringida no parecían poder convivir en paz con la gravedad de Newton. ¿Pero acaso era importante su convivencia? Cuando menos, no en el laboratorio. Las leyes de Newton predecían con exquisita precisión casi la totalidad de los fenómenos gravitacionales. La atracción de pequeños objetos sobre la Tierra, las trayectorias de cuerpos bajo la acción de la gravedad terrestre, las mareas, la órbita de los planetas, la estructura de las galaxias e incluso la de enormes cúmulos de galaxias. Fenómenos que cubren escalas que van desde apenas algunos centímetros hasta los millones de años luz. ¿Quién se atrevería a intentar modificar esta majestuosa teoría sólo por un asunto de consistencia interna o belleza matemática? Francamente, muy pocos.

En tiempos de Einstein había un solo fenómeno que la gravitación newtoniana no había conseguido explicar satisfactoriamente: una pequeña anomalía de la órbita de Mercurio —que más adelante se encontró en todos los planetas y, en general, en cualquier sistema de dos cuerpos orbitando uno en torno al otro—. Pero resultaba absolutamente inverosímil para cualquiera que sólo estuviera interesado en las observaciones que la solución viniera de la mano de modificar las leyes de Newton. Los físicos ya sabían de anomalías en órbitas. Siempre habían terminado explicándose por la presencia de otros cuerpos celestes, como discutiremos en más detalle en el capítulo «La solución del teniente». A pesar de que la teoría de Einstein diera cuenta con precisión de la órbita de Mercurio, sin la necesidad de ningún invitado adicional, nadie en su sano juicio habría abandonado la física newtoniana sólo por este pequeño, casi irrelevante, trozo de evidencia. Pero en la ciencia, a diferencia de lo que muchos creen, a veces la belleza, la consistencia y la síntesis conceptual pueden ser un motor más poderoso que la evidencia experimental. Es la última, sin embargo, la implacable e insobornable jueza final, y habría bastado con una sola observación experimental que contrariara a la Relatividad General para descartarla de inmediato. No fue así. Lejos de ello, poco a poco comenzaron a aparecer más experimentos que no sólo la corroboraban, sino que mostraban incorrectas a las leyes de Newton. Primero fue la deflexión de la luz, a la que nos referiremos con más detalle en el capítulo «La sonrisa

universal». Luego llegaron muchas otras predicciones confir-
madas experimentalmente —abordaremos algunas en otras
partes del libro—, como el cambio de frecuencia de la luz con
la altura, las observaciones cosmológicas, el sistema de posicionamiento global, los agujeros negros y, finalmente, hace poco
más de un año, la detección de ondas gravitacionales.

La teoría de Einstein es la descripción más precisa de todos
los fenómenos gravitacionales hasta el día de hoy. Más aún,
es consistente, al menos a escalas macroscópicas, con todo el
resto de las teorías utilizadas en física —a escala microscópica
la situación es más delicada: además de las dificultades existentes para hacerla compatible con la Mecánica Cuántica, es
importante resaltar que es tecnológicamente muy difícil hacer
experimentos gravitacionales a escalas inferiores a la décima
de milímetro—. No nos cansaremos de insistir en el misterio
de su sobrecogedora belleza, de la elegancia insuperable de su
marco conceptual y de sus ecuaciones. El tejido espacio-temporal se deforma por la presencia de los cuerpos celestes, y esa
deformación resulta ser la topografía que determina el movimiento de estos. Las ecuaciones de Einstein sellan con precisión y rigurosidad los términos de este pacto, utilizando para
ello el lenguaje imperecedero de la geometría. Hamlet podrá
seguir diciéndole a Horacio que «hay más cosas en el cielo […]
que las que pueden ser concebidas en tu filosofía»,[63] pero todas
ellas, todo lo que acontece, aconteció y acontecerá en la bóveda
celeste, está inscrito en una delicada obra de arte que Einstein
escribió por primera vez el jueves 25 de noviembre de 1915:

$$R_{\mu\nu} - \frac{1}{2} g_{\mu\nu} R = \frac{8\pi G}{c^4} T_{\mu\nu}$$

---

[63] William Shakespeare, *Hamlet*, Alianza Editorial, 2009.

9

La solución del teniente

La conferencia había comenzado con germánica puntualidad. Karl Schwarzschild entró sigilosamente al auditorio. Muchos de los asistentes voltearon al escuchar que la puerta se abría y un hombre en uniforme ocupaba una butaca de la última fila. Avergonzado, se quitó la gorra y tomó asiento, su atención ya puesta en las explicaciones que desde el estrado brindaba un extático Albert Einstein. Este exponía ante la comunidad científica alemana un resultado que en ese momento veía como el más importante de su carrera: su nueva teoría de la gravedad era capaz de resolver el único enigma astronómico que se mantenía inmune a la teoría de la Gravitación Universal formulada siglos atrás por Isaac Newton.

La inexplicable danza de Mercurio

Si atamos los extremos de una cuerda larga a dos estacas y trazamos una curva tensándola, habremos dibujado una elipse. Los puntos en los que se hallan las estacas son los focos. Las leyes de Newton predicen órbitas planetarias elípticas alrededor de un Sol que se acomoda en uno de los focos. El punto más cercano de la órbita se conoce como «perihelio». Si bien las ecuaciones dictan la existencia de una elipse fija que cada planeta recorre como si viajara sobre rieles, las minuciosas observaciones mostraban otra realidad: tras cada una de sus órbitas, el perihelio se desplazaba haciendo girar la órbita como un todo, muy lentamente. El efecto era más notorio para Mercurio, el planeta más interior del Sistema Solar.

El perihelio de la órbita de Mercurio está a cuarenta y seis millones de kilómetros del Sol. Tras dar una vuelta completa el planeta no retorna al mismo punto, visto desde el Sol, sino que se adelanta poco más de trescientos ocho kilómetros. Una distancia ínfima a nivel astronómico, pero que no pasó desapercibida para quienes buscaban comportamientos anómalos como este para, indirectamente, adivinar la existencia de otros planetas. Uno de los más talentosos en el ejercicio de esa búsqueda detectivesca fue el matemático francés Urbain Le Verrier, quien hace ciento setenta años dedujo la existencia del hasta entonces jamás visto Neptuno a partir de algunas anomalías en la órbita de Urano. Él mismo calculó en 1859 el efecto que todos los planetas tenían sobre la extraña danza de la órbita de Mercurio y encontró que estos eran responsables del adelanto de su perihelio en unos doscientos ochenta y cinco kilómetros. Los veintitrés kilómetros restantes no tenían explicación.

Le Verrier conjeturó la existencia de un minúsculo planeta, más cercano al Sol, al que denominó Vulcano, usando el mismo criterio que lo llevó a predecir la existencia de Neptuno. El 2 de enero de 1860 anunció su descubrimiento a manos del médico y astrónomo amateur francés Edmond Lescarbault, quien aseguró haber observado su tránsito frente al Sol e, incluso, por este «hallazgo» fue ordenado Caballero de la Legión de Honor de la República Francesa. Durante medio siglo fueron muchos los astrónomos que aseguraron haberlo visto, sobre todo en Europa, donde la reputación le confería a Le Verrier una autoridad casi eclesiástica. En Estados Unidos, en cambio, eran muchas las voces que afirmaban categóricamente que Vulcano no se dejaba ver en los telescopios y lo ponían abiertamente en duda. Urbain Le Verrier murió en 1877, dos años antes del nacimiento de Einstein, convencido de su existencia. Sin embargo, los cálculos de su órbita eran esquivos y a diferencia del resto de los planetas, Vulcano no aparecía en el lugar del cielo en el que se lo esperaba. Apenas veintitrés kilómetros en una órbita de trescientos sesenta millones desencadenaron medio siglo de espejismos, de observaciones de un planeta que simplemente no existía.

La incomodidad del teniente Schwarzschild

Karl Schwarzschild estaba combatiendo en el frente ruso de la Primera Guerra Mundial. Se había enrolado voluntariamente ya que como director del Observatorio Astronómico de Potsdam, el puesto más prestigioso de Alemania, y con sus más de cuarenta años, no tenía obligación de hacerlo. Años después su esposa explicaría que, al igual que miles de judíos alemanes, se había sentido compelido a alistarse en una sobreactuada manifestación de lealtad nacional que a la postre resultó inútil para aplacar el omnipresente antisemitismo. Llegó a ser teniente en la división de artillería del ejército prusiano. Pidió autorización a sus superiores para estar en Berlín el jueves 18 de noviembre de 1915. Sabía que Einstein tenía algo grande entre manos. Que esa jornada sería uno de los grandes momentos en la historia de la ciencia. Además, la conferencia versaba sobre cuestiones que lo habían obsesionado toda la vida; tenía apenas dieciséis años cuando publicó sus primeros trabajos sobre Mecánica Celeste.

De modo que escuchó a Einstein con detenimiento; sin perder detalle. Estaba impresionado y sobrecogido, como quien tiene el privilegio de asistir al estreno de la más bella de las sinfonías. No había creído en las ideas que Einstein pregonara en los últimos años. Pero allí estaba el adelanto del perihelio de Mercurio explicado por primera vez, luego de más de cincuenta años persiguiendo sombras. El misterio de Mercurio se desplomaba y con él hasta el último gramo de escepticismo que podía quedarle respecto de la Teoría de la Relatividad General. Schwarzschild no tuvo tiempo para diálogos. Habría querido hacer un sinfín de preguntas, pero sus responsabilidades militares no podían esperar. Eso sí, volvió al frente ruso inspirado y pletórico. Había un detalle en todo esto, un flanco que Einstein no había resuelto del todo. Él podía y debía solucionarlo.

Las ecuaciones de Einstein no son sólo una oda al conocimiento del cosmos. Son además un triunfo de la estética y la elegancia en su descripción. Es un punto sobre el que no suele hacerse suficiente hincapié, así que vale la pena subrayarlo. Las leyes de la Naturaleza no tienen por qué ser bellas. Al menos, no más que un instructivo para llenar la declaración de impuestos. De modo que uno de los grandes misterios de la ciencia, y el que la hace tan atractiva, es que las grandes teorías sean tan o más hermosas que la realidad que describen.[64] Pero eso no garantiza que sean fáciles de tratar. Einstein, de hecho, no fue capaz de resolver sus ecuaciones. En su exposición mostró una solución aproximada del campo gravitacional del Sol, cuya validez era suficiente para explicar la anomalía en la órbita de Mercurio. Sin embargo, algo incomodaba a Schwarzschild. Su rigurosidad matemática lo hizo dudar sobre si la solución utilizada por Einstein era la única posible. Llegó a la conclusión de

---

[64] En un análogo musical, esto sería como diferenciar la belleza de la partitura con la de su interpretación. Una melodía sencilla puede ser interpretada de manera conmovedora, y la mejor de las partituras puede ser destrozada por una mala orquesta. Volveremos sobre esto en el capítulo «El espejo en la Luna».

que sólo podría saberlo si se abocaba a encontrar una solución exacta. La búsqueda prometía ser una campaña dura e incierta, aunque sus dificultades no podían compararse con las que experimentaba como soldado en el frente.

LA MÚSICA DE LAS ESFERAS Y LOS AGUJEROS NEGROS

Si miramos los objetos que pueblan el universo vemos que cuando son suficientemente grandes suelen ser esféricos. La Luna, los planetas, las estrellas, todos parecen esferas perfectas. Una mirada más detallada mostrará que esta es una visión aproximada. La Tierra, se sabe, es achatada en los polos debido a su rotación. Nuestra galaxia, por ejemplo, gira con tanta vehemencia que el achatamiento es bastante radical, transformándola en un disco aplanado. Pero objetos grandes que no giran demasiado rápido son esencialmente esféricos. La masividad hace que la gravedad sea suficientemente intensa como para pulir cualquier protuberancia que surja, como un niño que aprieta entre sus manos la arena húmeda de la playa, produciendo pelotas perfectamente esféricas.

La simetría esférica simplifica mucho el tratamiento matemático de un problema físico. Una esfera se ve idéntica desde cualquier punto que se la mire. Así, las propiedades del campo gravitacional sólo pueden depender de la distancia desde el centro de la esfera, simplificando los cálculos. A pesar de esto, no era en absoluto claro para Schwarzschild que pudiera encontrar una solución. Por eso, tan pronto lo consiguió, el 22 de diciembre de 1915, se apresuró a escribirle a Einstein: «A fin de volverme más versado en su teoría gravitacional, me ocupé más de cerca del problema planteado en su artículo sobre el perihelio de Mercurio. [...] Tomé mis riesgos y tuve la buena suerte de encontrar una solución. Un cálculo no demasiado extenso me entregó el siguiente resultado»,[65] para luego mostrar el campo gravitacional producido por una distribución esférica de materia; lo que hoy conocemos como la «geometría de Schwarzschild». La carta continuaba, «Es realmente maravilloso que la explicación de la anomalía de Mercurio emerja de modo tan convincente a partir de una idea tan abstracta».

Einstein no tardó en contestarle. El 9 de enero le escribió una extensa carta: «He leído su artículo con gran interés. Jamás habría esperado que se pudiese formular una solución exacta al problema de un modo tan simple. Me gustó mucho su tratamiento matemático. El próximo jueves presentaré el trabajo a la Academia con algunas palabras de explicación».[66] La formulación que utilizó Schwarzschild y el aún inmaduro estado de la naciente disciplina impidieron que Einstein notara que esta solución describía un sistema muy extraño, lo que cincuenta años más tarde se conocería como un agujero negro. A cierta distancia del centro, que hoy llamamos «radio de Schwarzschild», se genera un horizonte de eventos, una esfera dentro de la cual nada, ¡ni siquiera la luz!, puede escapar. Schwarzschild, cuyo trabajo se concentró en óptica, fotografía y física estelar, jamás hubiese imaginado que su nombre quedaría asociado principalmente al de uno de los objetos más desquiciantes del cosmos: los agujeros negros.

La euforia de Schwarzschild le permitió trabajar ausente de lo que sucedía a su alrededor: «Como usted ve, la guerra me está tratando bien, en el sentido de que, a pesar de encontrarme tan lejos, en medio del fuego enemigo, he podido dar este paseo

---

[65] Karl Schwarzschild, carta a Albert Einstein, en: *The Collected Papers of Albert Einstein, Vol. 8: The Berlin Years: Correspondence, 1914-1918*, Princeton University Press, 1998.

[66] Albert Einstein, carta a Karl Schwarzschild, en: *The Collected Papers of Albert Einstein, Vol. 8: The Berlin Years: Correspondence, 1914-1918*, Princeton University Press, 1998.

por el sendero de sus ideas».[67] Lamentablemente, poco después su salud se deterioró víctima del pénfigo, una rara enfermedad autoinmune de la piel. Karl Schwarzschild, cuya «alegría era explorar sin restricciones las pasturas del conocimiento y, cual líder guerrillero, dirigir sus ataques adonde menos se los espera»,[68] murió el 11 de mayo de 1916. Tenía cuarenta y dos años.

Pocas semanas después, el jueves 29 de junio, Einstein le dedicó una elegía ante la Academia de Berlín: «El resorte principal que motivaba su infatigable investigación teórica parece ser menos deudor de la curiosidad por aprender las relaciones íntimas entre los diferentes aspectos de la Naturaleza que del deleite experimentado por un artista al discernir delicados patrones matemáticos».[69] Esas regularidades que despliega el universo con elegancia inimitable, o con las que acaso lo reviste nuestra impertinente mirada.

---

[67] Karl Schwarzschild, carta a Albert Einstein, en: *The Collected Papers of Albert Einstein, Vol. 8: The Berlin Years: Correspondence, 1914-1918*, Princeton University Press, 1998.

[68] Arthur Eddington, «Karl Schwarzschild», *Monthly Notices of the Royal Astronomical Society*, vol. 77, 1917, pp. 314-319.

[69] Albert Einstein, discurso en memoria de Karl Schwarzschild, disponible en: Subrahmanyan Chandrasekhar, *Truth and Beauty: Aesthetics and Motivations in Science*, University of Chicago Press, 1990.

10

Asperezas y sinuosidades cosmológicas

Existen preguntas que tienen la virtud de desvelar a todos por igual; niños o adultos, astrónomos, abogados o actores, en nuestros días o en la Edad Media. Basta mirar al cielo una noche despejada, contemplar con aliento contenido la bóveda salpicada de una multitud de estrellas y atravesada por una pincelada brumosa a la que llamamos Vía Láctea, para que la curiosidad nos embista con un golpe certero: ¿cómo es el universo? ¿Qué lugar ocupamos en él? ¿Es finito o infinito? ¿Habrá permanecido y permanecerá inalterable para siempre o tendrá un fin? ¿Cómo se crearon las estrellas, las galaxias? ¿Qué tan lejos están? Son preguntas gigantescas, que en tiempos pasados parecían inabarcables pero que en el último siglo la ciencia comenzó a responder con cierto éxito. A partir de allí, la búsqueda de respuestas cada vez más precisas se tornó vertiginosa. Un recorrido sinuoso y desbocado, plagado de errores y aciertos, de derrotas y victorias que, como en casi toda aventura científica, remedando el ciclo del día y la noche, se suceden antes de que la luz comience a despuntar en el horizonte.

El sobrecogedor cielo nocturno es el espectáculo más antiguo y, dada su inevitable gratuidad, el más visto de toda la historia humana. La extraña presencia de un suelo firme y opaco desde el que podemos contemplar algo tan vasto, como quien se sube a una roca en un cabo para dejar perderse la mirada en el mar abierto, ha sido una fuente permanente de curiosidad. De eso han dejado constancia todas las culturas desde hace más de tres mil años. Eratóstenes supo que la Tierra era esférica y los devaneos intelectuales de Aristóteles acabaron cristalizando en el modelo de Ptolomeo: un universo geocéntrico, con algunos planetas y el Sol orbitando el planeta, y un telón de fondo de estrellas fijas. Discípulos de la escuela epicúrea como Lucrecio, en cambio, argumentaban que la Tierra era plana y el universo infinito. Así era la cosmología —se llamaba así a la filosofía del mundo natural, al estudio de todo lo relacionado con el cosmos— hasta finales de la Edad Media, un asunto opinable en el que cabían explicaciones totalmente antagónicas sin posibilidad de contraste alguno. Hasta que Copérnico tuvo la imprudencia de considerar más oportuno que el Sol estuviera en el centro, Giordano Bruno conjeturó que las estrellas no eran otra cosa que soles y Galileo observó que la perfecta esfericidad de los astros celestes no era tal. Newton y Kepler comprendieron magistralmente las leyes del movimiento de los planetas, pero sobre el universo como un todo era poco lo que podía decirse. El consenso general era el de un espacio probablemente infinito, atiborrado de estrellas, estático y estable, creado por algún ser supremo. No estaba muy claro que fuera dominio de la ciencia aventurarse a una empresa tan ambiciosa.

El primer trabajo de cosmología, tal como la entendemos en la actualidad, fue obra de Albert Einstein; publicado en 1917, tiene por título «Consideraciones cosmológicas en la Teoría de la Relatividad General». Allí encontramos el primer modelo jamás construido del universo a gran escala. A pesar de que se comprobó incorrecto rápidamente, muchos de los conceptos que Einstein ideó acabaron siendo la fuente de inspiración de futuras victorias, como veremos a continuación.

Las elucubraciones que lo llevaron a su modelo fueron difíciles y no sólo por la ciencia allí expuesta: «en este párrafo conduciré al lector a través de un camino por el que yo mismo he viajado, un camino bastante áspero y sinuoso, porque de otro modo no tengo esperanza de que se interese en el resultado al final del viaje».[70] También porque su vida personal se había tornado particularmente dura. Luego de su separación en 1914 de Mileva Marić, su primera esposa, ella y sus hijos se fueron a vivir a Suiza. Einstein se quedó solo en un pequeño departamento en Berlín.

La Gran Guerra había hecho que las condiciones de vida fueran muy precarias y él se encontraba con la salud debilitada; problemas en el hígado que le causaban ictericia, una úlcera y un estado de agotamiento general. A pesar de esto —o, quizás, gracias a esto— fueron años extremadamente fructíferos en lo científico. En el otoño de 1916 visitó Leiden, aquella ciudad holandesa que también había visto pasar a sus «ancestros» Descartes y Spinoza, durante tres semanas. Allí disfrutó —la palabra, creemos, es más que precisa— de largas discusiones con sus colegas y amigos Paul Ehrenfest, Hendrik Lorentz y Willem de Sitter. De estas charlas sin fin, de este precioso intercambio acontecido en un lugar tan señalado, surgirían en su mente muchas de las ideas que luego fraguarían en su artículo de 1917.

El elemento más controversial e imperecedero de ese trabajo fue la incorporación a sus ecuaciones originales de la Relatividad General de lo que hoy conocemos como la «constante cosmológica». No pasaría mucho tiempo antes de que Einstein renegara de ella, arrepintiéndose tanto que, de acuerdo al físico ruso George Gamow, uno de los padres del Big Bang, él mismo

---

[70] Albert Einstein, «Cosmological Considerations in the General Theory of Relativity», *Sitzungsberichte Preussische Akademie der Wissenschaften (Berlín)*, 1917, pp. 142-152.

le habría dicho que la constante cosmológica había sido la peor metedura de pata de su vida. Error o no, lo cierto es que desde entonces la constante cosmológica no ha dejado de asomarse en los cimientos de la física teórica, la cosmología y la astrofísica, convirtiéndose hoy en uno de los grandes enigmas de la ciencia. Para entender de qué se trata este misterioso ente y las razones que tuvo Einstein para introducirlo, comencemos con una pregunta aparentemente trivial pero que tuvo a la ciencia en vilo por más de cuatrocientos años.

La paradoja de la noche

¿Por qué la noche es oscura? Una pregunta tan simple como esta puede esconder un gran misterio. Hasta hace un siglo era usual la imagen del universo como un espacio infinito, estático, eterno y espolvoreado homogéneamente de estrellas. Esta visión conduce inexorablemente a una paradoja que lleva el nombre del médico y astrónomo alemán Heinrich Wilhelm Matthäus Olbers, quien la popularizó en 1823 —si bien podemos encontrar fuentes anteriores en las que es discutida y que se remontan hasta los tiempos inmediatamente posteriores a Nicolás Copérnico, en la obra del astrónomo inglés Thomas Digges, quizás el primero en la era moderna en concebir un universo infinito—. «Si la sucesión de estrellas fuera ilimitada, el fondo del cielo presentaría una luminosidad uniforme, ya que no podría haber absolutamente ningún punto hacia el que pudiéramos mirar en el que no existiera una estrella.»[71] Así presentaba la paradoja Edgar Allan Poe en 1848 en *Eureka*, un libro único e inimitable, una suerte de tratado cosmológico dictado por la intuición y el desvarío que el genial bostoniano escribió

---

[71] Edgar Allan Poe, *Eureka*, Alianza Editorial, 2003.

en la antesala de su muerte. La bóveda de la noche debería ser, por lo tanto, al menos tan brillante como la superficie del Sol. Peor aún, el cálculo detallado de la intensidad del brillo del cielo nocturno en un universo como este arroja un resultado escalofriante: ¡infinito!

Entonces, ¿por qué es oscura la noche? La franca disposición de Olbers al plagio no se limitó a la formulación de la paradoja —es probable que la conociera a partir de las versiones de esta que concibieron Edmund Halley y el astrónomo suizo Jean-Philippe de Chéseaux—, también copió la solución propuesta por este último: la invisibilidad de las estrellas más lejanas se debería a que su luminosidad era absorbida por el medio interestelar. Pero esta respuesta es obviamente incorrecta: un medio que absorbe luz se calienta y acaba por emitirla nuevamente. El primero en esbozar una respuesta sensata no podía ser otro que el supremo autor de los mejores cuentos de terror, alguien conectado profundamente con la negrura de la noche. Lo hizo en el mismo *Eureka*, inmediatamente después de formular el interrogante: «La única manera, entonces, de que podamos comprender los abismos cosmológicos que encuentran nuestros telescopios, sería suponer que la distancia hacia ese fondo oscuro es tan inmensa que ningún rayo proveniente de allí haya sido capaz de alcanzarnos aún», sentenció Poe con lucidez única. El universo debía tener origen en algún instante pasado, de modo que la luz de las estrellas más lejanas no hubiera podido llegar a nuestros ojos todavía. Así, cuando en una noche despejada vemos las estrellas dibujadas en ese hipnótico manto negro, la oscuridad del fondo celeste nos está susurrando que el universo no puede ser infinitamente vasto y, al mismo tiempo, infinitamente viejo.

El universo de Einstein

Durante la segunda década del siglo XX no existía consenso sobre cómo era el universo a gran escala. La astronomía de la época había logrado hacerse una buena idea de nuestra galaxia, la Vía Láctea. Se sabía que las estrellas estaban contenidas en un disco achatado y las mediciones de su diámetro fluctuaban entre treinta y trescientos mil años luz, no muy lejos de los valores que hoy encontramos en cualquier enciclopedia. Sin embargo, no se sabía nada sobre qué había más allá de la galaxia. El debate se libraba entre dos posibilidades: o bien no había nada y el universo era un vacío infinito con nuestra galaxia flotando solitaria, o bien la Vía Láctea era una de infinitas galaxias o «universos isla» que llenaban un espacio ilimitado, pero que no éramos capaces de detectar —a pesar de que, como ya discutimos, esto entrara en contradicción con la oscuridad de la noche, cualquier otra suposición llevaba a conflictos aún más graves—. El 26 de abril de 1920 se llevó a cabo lo que pasó a la historia como el «Gran Debate», en el Museo Nacional de Historia Natural del Instituto Smithsoniano. Los astrónomos estadounidenses Harlow Shapley y Heber Curtis, quienes sostenían cada una de estas alternativas, pusieron sobre la mesa sus argumentos. La discusión giraba principalmente en torno a ciertos objetos nebulosos, de muy baja intensidad lumínica, cuya lejanía no se sabía medir con certeza, y que algunos sugerían podrían ser otras galaxias muy lejanas, similares a la nuestra.

Einstein no estaba inmerso en los pormenores astronómicos expuestos en el Gran Debate.[72] Sus nociones de cómo debía ser el universo se basaban en dos preconcepciones suyas que resultaron tan erróneas como fructíferas para el desarrollo

---

[72] Para más detalles, ver: Harlow Shapley y Heber Curtis, «The Scale of the Universe», *Bulletin of the National Research Council,* Vol. 2, 1912, pp. 171-217.

posterior de la cosmología. Primero, el hecho de que el universo debía ser estático. Aquí no podemos culparlo. Probablemente no había nadie que pensara de otra forma. En su trabajo —que, no lo olvidemos, precedió en algunos años al Gran Debate—, escribió explícitamente: «[...] las velocidades relativas de las estrellas son muy pequeñas comparadas con la de la luz. Pienso que por esto podemos basar nuestro razonamiento en la siguiente suposición aproximada. Existe un sistema de referencia desde el cual la materia en el universo se ve permanentemente en reposo».[73]

El segundo prejuicio del que no pudo librarse fue el conocido como «Principio de Mach». Einstein era un gran admirador del físico y filósofo austríaco Ernst Mach, el mismo que nunca creyó ni en la existencia de los átomos ni en la Teoría de la Relatividad. En apretada síntesis, su principio sostenía que el movimiento nunca era absoluto y sólo tenía sentido en relación al resto de la materia en el universo. Cualquier movimiento requería de materia que hiciera a la vez de sistema de referencia. Nada se podía mover respecto del vacío. No podía existir inercia sin materia, lo que para Einstein implicaba que no podía existir el propio espacio-tiempo sin materia. Esta noción de la relatividad del movimiento era muy atractiva para él y fue inspiradora de su Relatividad General, en la que la geometría del espacio-tiempo está dictada, precisamente, por la materia.

Einstein pensaba, sin embargo, que este principio debía llevarse hasta el extremo de que la misma existencia del espacio y el tiempo sólo pudiera tener sentido en presencia de materia, cosa de la que no daban cuenta sus ecuaciones. Lejos de una estrella, por ejemplo, la Relatividad General nos dice que el campo

---

[73] Albert Einstein, «Cosmological Considerations in the General Theory of Relativity», *Sitzungsberichte Preussische Akademie der Wissenschaften (Berlín)*, 1917, pp. 142-152.

gravitacional va decayendo hasta resultar imperceptible, aplanándose la curvatura del espacio-tiempo pero sin dejar de existir. La solución a esta paradoja para Einstein era proponer que el universo fuera finito, poniendo así un límite a la lejanía. ¿Un universo finito? ¿Era acaso posible imaginar una frontera que decretara el fin del universo? ¿Qué habría, en ese caso, al otro lado? No era eso lo que tenía en la cabeza. El modelo que Einstein imaginaba era el de un universo esférico, como la superficie de la Tierra: finito, sí, pero sin frontera. Si caminamos en línea recta sobre esta, eventualmente —después de unos cuarenta mil kilómetros— llegaremos al punto desde donde partimos. La Tierra es finita pero no tiene límites. El espacio, del mismo modo, sería como la «superficie» tridimensional de una esfera tetradimensional que, aunque no podamos imaginar, podemos construir matemáticamente. En un universo así, eventualmente volveríamos al punto inicial si nos moviéramos en línea recta sin cambiar de dirección. El recorrido, claro, sería más largo a medida que la esfera fuera más grande. Fue esta la forma del espacio que se presumía correcta hasta 1998.

A partir de estas dos suposiciones Einstein pensó: (i) El universo no puede ser infinito y con materia que lo llene homogéneamente, entre otras razones, porque la noche es oscura. (ii) El universo no puede ser una isla única flotando en el vacío, ya que el infinito tiempo disponible habría acarreado su completa evaporación, tal como ocurriría con las moléculas de un gas que inicialmente estuvieran concentradas en una región del espacio. (iii) El universo, por lo tanto, debía ser finito y con materia homogéneamente distribuida a grandes escalas. Esto último era posible si imaginábamos a nuestra galaxia como una más de un enorme enjambre que se esparce por toda esta esfera tridimensional de manera equitativa. El problema de Einstein era que las ecuaciones que él había creado para describir la interacción gravitacional no permitían nada como eso. Llegó a la conclusión de que había que modificarlas. No había manera de concebir un universo estático con materia. Una forma de entenderlo consiste en notar que la interacción gravitacional dictamina que la materia solo puede atraerse; por lo tanto, acabará empujando el universo al colapso. Este problema, de hecho, ya había sido observado por Isaac Newton, varios siglos antes. Para domar a los astros y conseguir su inmovilidad, Einstein modificó sus ecuaciones agregándoles un nuevo ingrediente al que denominó «término cosmológico».

La constante cosmológica

El término cosmológico producía el efecto deseado: trastocar la gravedad a distancias grandes y hacerla repulsiva. Así, la atracción a distancias pequeñas y la repulsión a escalas cósmicas quizás podría compensarse, permitiendo un universo de galaxias inmóviles. Con esta «constante cosmológica», como la llamamos hoy, las ecuaciones de Einstein daban lugar al universo que él imaginaba: esférico, estático y lleno de materia que se distribuía homogéneamente. Era una posibilidad tan elegante como exótica. Einstein lo sabía bien, tanto que le escribió a Ehrenfest: «He perpetrado algo [...] que me expone al peligro de ser encerrado en un manicomio. Espero que no haya ninguno allá en Leiden, de modo que sea seguro para mí visitarte nuevamente».[74] El universo de Einstein tuvo inicialmente cierto éxito, pero poco a poco las observaciones astronómicas comenzaron a darle la espalda, mostrando que no era el adecuado para describir el cosmos.

Poco después de la propuesta de Einstein, de Sitter encontró una nueva solución a las ecuaciones de la Relatividad General con constante cosmológica. Consistía en un

---

[74] Albert Einstein, carta a Paul Ehrenfest, en: *The Collected Papers of Albert Einstein, Vol. 8: The Berlin Years: Correspondence, 1914-1918*, Princeton University Press, 1998.

universo estático pero sin materia, una posibilidad que chocaba frontalmente con el Principio de Mach, algo que significó una enorme desilusión para Einstein. Por esos años, además, el astrónomo estadounidense Vesto Melvin Slipher encontró las primeras evidencias que sugerían que las nebulosas espirales que monopolizaban el Gran Debate astrofísico se movían a grandes velocidades. Slipher observó que la luz de los átomos que las constituyen tenían su espectro «corrido hacia el rojo». De igual modo en que el sonido del motor de un automóvil nos parece más grave cuando va que cuando viene —dado que el frente de ondas se ensancha en el primer caso, mientras que se comprime en el segundo—, la longitud de onda de la luz emitida por cuerpos que se alejan también se estira, en tanto que se acorta si dichos cuerpos se acercan. El nombre «corrimiento al rojo» viene del hecho de que ése es el color cuya longitud de onda es la más grande dentro del espectro visible —el equivalente, en el caso del sonido, sería la nota más grave que resulte audible para un ser humano—. El matemático alemán Hermann Weyl observó en 1923 que el modelo construido por de Sitter daba cuenta de esta observación mejor que el de Einstein ya que, en el del holandés, cualquier par de nebulosas —por ejemplo, nuestra galaxia y la observada por Slipher— siempre se alejarán, como si se repelieran. Rendido ante la evidencia de un universo que no parecía ser ni siquiera aproximadamente estático, Einstein no vaciló en abjurar de sus propias ideas y se apresuró a escribirle a Weyl que «de no existir, después de todo, un universo cuasi-estático, entonces hay que deshacerse de la constante cosmológica».[75]

---

[75] Albert Einstein, carta a Hermann Weyl, en: *The Collected Papers of Albert Einstein, Vol. 14: The Berlin Years: Writings & Correspondence, April 1923-May 1925*, Princeton University Press, 2015.

El año 1925 se inauguró con un trascendental hallazgo. El 1 de enero, durante una conferencia de la Sociedad Americana de Astronomía, se anunció que a través de las observaciones realizadas desde el telescopio del Monte Wilson, Edwin Hubble había sido capaz de inferir la distancia a la que se encontraban las nebulosas espirales. Andrómeda, en particular, debía estar a un millón de años luz de nosotros —las mediciones actuales la han alejado aún más, hasta los dos millones y medio—. Era tan lejana que con certeza debía estar afuera de nuestra Vía Láctea. No estábamos solos: Andrómeda debía ser otra galaxia, similar a la nuestra. La clave para medir estas distancias siderales fue un hallazgo que la astrónoma estadounidense Henrietta Swan Leavitt realizó en 1908, cuando descubrió que las «cefeidas» —un tipo de estrella cuyo brillo aumenta y disminuye rítmicamente—, tenían la particularidad de que la frecuencia de estas oscilaciones estaba relacionada con su luminosidad intrínseca; vale decir, la potencia total de la luz que emiten.

Este tipo de relaciones resulta de extrema importancia para los astrónomos, ya que les permite deducir la luminosidad absoluta de un objeto celeste midiendo otra variable y compararla con el brillo aparente; es decir, el que realmente se observa. El brillo con el que vemos una estrella depende tanto de su luminosidad intrínseca como de su lejanía, por lo que conociendo la primera podemos encontrar la segunda. Hubble encontró cefeidas dentro de Andrómeda, la galaxia más próxima a la nuestra, y con ellas pudo deducir cuán lejos estaban.

Las mediciones de Slipher, en conjunto con las que el propio Hubble siguió haciendo durante los años siguientes, mostraron que había muchas galaxias y que todas parecían alejarse a grandes velocidades de nosotros. El universo, después de todo, distaba mucho de ser estático.

Big Bang: Einstein versus Lemaître

Si el universo no era estático entonces la constante cosmológica resultaba innecesaria. Los primeros modelos cosmológicos que prescindían de ella aparecieron pronto. En estos, el universo era dinámico, las galaxias se alejaban unas de otras, lo que explicaba con precisión el corrimiento al rojo de sus espectros de luz. Una conclusión inmediata, si recorriéramos imaginariamente la flecha del tiempo en sentido inverso, es que alguna vez, en un pasado remoto, todas debieron estar muy cerca, tanto como estemos dispuestos a retrotraernos en este ejercicio mental. Tuvo que existir, entonces, un instante en el que toda la materia ocupaba un diminuto volumen desde donde comenzó su expansión, de un modo similar al de una gran explosión. Irónicamente, así como el nacimiento del universo fue intuido por Poe, un apasionado del bourbon, la teoría de la gran explosión, el Big Bang, fue concebida por un sacerdote católico belga, Georges Lemaître, quien además era físico. Sus ideas fueron recibidas en un comienzo con violentas críticas. Y no tanto por parte de otros miembros del clero —quienes probablemente veían en el origen del universo indicios de la creación divina— como provenientes de sus colegas físicos. Acudió en octubre de 1927 a la quinta conferencia Solvay, en Bruselas, para dar a conocer su trabajo y recibió una lapidaria respuesta del más significativo de sus interlocutores: «Sus cálculos son correctos pero su física es abominable»,[76] le dijo Albert Einstein. Una reflexión epigramática, brillante y cruel, que no debe sorprendernos: no es la empatía piadosa un atributo que se suela encontrar entre los

---

[76] André Deprit, «Monsignor Georges Lemaître», en: André Berger (ed.), *The Big Bang and Georges Lemaître*, D. Reidel Publishing Company, 1983, pp. 363-392.

físicos teóricos, que a menudo prefieren, en cambio, despojar de ambigüedades cualquier juicio crítico. Y unos meses más tarde fue desairado por el presidente de la Unión Astronómica Internacional, Willem de Sitter, quien alegó no tener tiempo «para atender a un físico teórico sin pretensiones ni credenciales internacionales apropiadas».[77]

Lemaître estaba muy al corriente de las observaciones astronómicas de Slipher y Hubble tras su estancia de un año en Harvard. Concluyó que la única forma de explicarlas era a través de un universo en expansión, en el que la distancia entre todas las galaxias aumentaba a medida que transcurría el tiempo. Para demostrarlo utilizaba las ecuaciones originales de la Relatividad General, sin constante cosmológica. El propio Einstein ya había visto que su teoría, tal como lo hacía la de Newton, predecía un universo dinámico, pero había rechazado esa posibilidad modificando sus ecuaciones bajo la convicción de que este debía ser estático e inmutable a gran escala, tal como se presentaba ante una mirada ingenua. El cielo nocturno se ve idéntico a sí mismo, año tras año. Vemos en él las mismas constelaciones que describieron las civilizaciones antiguas. Pero su opinión fue cambiando a medida que la evidencia experimental se hacía más y más sólida.

Los resultados de Hubble no sólo terminaron por convencer a la comunidad científica de que las galaxias se movían, apartándose de nosotros. Hubble mostró además que la velocidad con que se alejaban era proporcional a la distancia que nos separa de ellas. Y conjeturó que lo mismo se observaría desde cualquier punto del cosmos. Es lo que conocemos hoy como la Ley de Hubble. Este tipo de comportamiento es precisamente el que se espera en un universo en expansión. Lemaître bautizó al instante en el que todo comenzó, cuando la materia

---

[77] *Ibíd.*

estaba comprimida en un espacio infinitamente denso y pequeño, como el «átomo primigenio»; lo que hoy conocemos como el Big Bang y que tuvo lugar hace trece mil ochocientos millones de años.

La constante cosmológica contraataca

Pero el áspero y sinuoso recorrido de nuestras ideas sobre el universo no terminaría allí. La década del veinte no sólo fue un periodo excitante para la cosmología, disciplina que explora las escalas más grandes, el universo en su conjunto, sino que también lo fue para la ciencia de lo pequeño, el mundo atómico y subatómico: nacía la Mecánica Cuántica. Del entramado de leyes desquiciantes que rigen el mundo microscópico, algunas acaban siendo relevantes también en las grandes escalas. Una de las enseñanzas más profundas de la Mecánica Cuántica es que el vacío no es la ausencia absoluta de materia y energía, la nada, esa quietud oscura y desolada que se pensaba con anterioridad. La Naturaleza es inquieta. Bulle. Se mueve incluso cuando creemos haberla desprovisto de toda materia y energía.

La Mecánica Cuántica permite, por ejemplo, que pares de partículas puedan crearse a partir del «vacío» y luego desaparecer juntas —es necesario que sean pares para que los atributos opuestos de unas y otras produzcan un resultado nulo; por ejemplo, que las cargas eléctricas sean opuestas—, aniquilándose, siempre que todo ocurra en intervalos de tiempo muy pequeños. Esto sería imposible en la visión newtoniana de la Naturaleza: el hecho de que cada partícula tenga una cierta masa hace que, debido a la célebre fórmula de Einstein, haya un costo energético para crearlas. La energía se conserva, no puede crearse de la nada, por lo que no parece haber ninguna posibilidad para que tenga lugar la creación de partículas. Sin embargo, el razonamiento se complica gracias al célebre «Principio de incertidumbre» de Werner Heisenberg, según el cual no es posible determinar con precisión absoluta la energía de un sistema y el instante en que acontece. Así, si el intervalo de tiempo que insume la creación y aniquilación del par de partículas es suficientemente pequeño, la propia indeterminación de la energía será suficiente para disponer de la cantidad necesaria para crearlas en el vacío. Es como si la Naturaleza tuviera una resolución mínima, por debajo de la cual simplemente no es capaz de registrar lo que está ocurriendo y los fenómenos encontraran allí una sutil escapatoria al imperio de sus leyes. Dicho de otro modo, aquello que acontece involucrando cantidades más pequeñas que el «pixelado» mínimo al que es sensible el ojo de la Naturaleza, simplemente pasa inadvertido.

Lejos de la suprema ausencia de la nada, podemos imaginar el vacío como un espacio efervescente, pletórico de actividad y movimiento, sólo que no lo podemos observar directamente por los tiempos y distancias en que los eventos acontecen. La hipermetropía de nuestra observación hace borrosas las fluctuaciones de partículas en todos los puntos del espacio, de modo que el vacío se nos presenta provisto de una densidad homogénea de energía que llena el universo. El gran problema que enfrentaron los fundadores de la Mecánica Cuántica era que esta densidad les resultaba, en sus cálculos, infinita. En ausencia de gravedad eso no importaba. La energía no es una cantidad absoluta, sólo las diferencias de energía entre dos estados entran en las aplicaciones de la teoría en procesos medibles en laboratorios, en donde la gravedad es despreciable. Pero cuando nos concentramos en interacciones gravitacionales a gran escala todo cambia. La fuente de la gravedad, de acuerdo a la teoría de Einstein, es precisamente la masa y la energía. Así pues, ¿gravita la energía del vacío? Sí, lo hace, y la forma en que entra en las ecuaciones de la Teoría de la Relatividad General es exactamente como lo hace la constante cosmológica. Energía del vacío y constante cosmológica son términos intercambiables. La Mecánica Cuántica parecía indicar, entonces, que no sólo había constante cosmológica, ¡sino que esta era infinita!

Fue precisamente uno de los padres de la Mecánica Cuántica el primero en ponerle números a este problema. Para evitar infinitos, Wolfgang Pauli supuso que existía una «energía de corte», es decir, una energía máxima más allá de la cual no tenemos acceso a las leyes de la física y, por lo tanto, todas nuestras teorías dejan de tener sentido. La suposición es drástica: no serán tenidos en cuenta, preventivamente, los valores de la energía que excedan dicho corte. Utilizando esta intuición, Pauli hizo una estimación sobre el valor de la energía del vacío. Le resultó tan, pero tan grande, que concluyó que el universo esférico de Einstein con esa constante cosmológica sería tan pequeño que «no llegaría ni a la Luna».[78] La constante cosmológica se había asomado de nuevo, pero ahora golpeando la mesa con estruendo. ¿Por qué los modelos de un universo sin constante cosmológica parecían ser tan precisos en dar cuenta de las observaciones mientras que el cálculo teórico daba un valor exorbitante para ella? Se le puso un nombre más o menos elegante a esta confusa situación: el «problema de la constante cosmológica», y comenzaron a sucederse las ideas intentando resolverlo. A todas las propuestas parecía faltarle o sobrarle algo. El misterio no acabaría aquí. Ni siquiera se tomaría un descanso prolongado. El camino cosmológico continuaría su

---

[78] Charles Enz y Armin Thellung, «Nullpunktsenergie und Anordnung nicht vertauschbarer Faktoren im Hamiltonoperator», *Helvetica Physica Acta*, vol. 33, 1960, pp. 839-848. Pauli discutió este cálculo con Otto Stern, pero nunca publicó los resultados.

derrotero áspero y sinuoso, principalmente debido a las sorpresas que aún nos seguiría deparando la constante cosmológica.

¿POR QUÉ LA CONSTANTE COSMOLÓGICA ES TAN GRANDE?

Si bien era claro a mediados del siglo XX que el universo se expandía, nadie sabía cuál sería su destino. ¿Continuaría ensanchándose de forma indefinida o se iría frenando hasta comenzar a contraerse y acabar en un violento *Big Crunch*? A pesar de que no se contara con mediciones suficientemente precisas que permitiesen dar un veredicto, la última era, hasta 1998, la imagen más aceptada —más aún, se tenía en cierta estima a la idea de una secuencia cíclica de *big bangs* y *big crunchs* como relato plausible de la historia del universo—. Las galaxias se alejan unas de otras como se aleja de la Tierra una piedra que lanzamos hacia arriba. Eventualmente, a menos que la lancemos con demasiado ímpetu, la fuerza de gravedad se impondrá: la piedra frenará y comenzará a caer. El universo también debía acabar cayendo sobre sí mismo. La imagen que se tenía era la de un universo esférico, similar en forma al de Einstein, pero que a diferencia de este se expandía, frenando su velocidad hasta que eventualmente acabaría por detenerse, comenzando en ese instante a colapsar debido al carácter estrictamente atractivo de la fuerza gravitacional ejercida por la materia que lo constituye. Pero ningún experimento podía dirimir si, en efecto, la expansión se estaba frenando.

Una forma de estudiar la magnitud de este frenado consistiría en hacer mediciones muy precisas de galaxias cada vez más distantes. No olvidemos que cuanto más lejos veamos, más antigua será la imagen. El comportamiento cosmológico quedaría a la vista a través de pequeñas desviaciones de la Ley de Hubble: si la velocidad de expansión era mayor en el pasado, debería apreciarse al observar las galaxias más lejanas. Pero las cefeidas que utilizaba Hubble para determinar distancias sólo son útiles en galaxias cercanas. Su brillo es insuficiente para verlas, si no están suficientemente próximas. Realizar estas mediciones con precisión para galaxias lejanas, hurgar en el desván de los confines del universo, parecía un desafío desmesurado para una especie que, en definitiva, habita un pequeño planeta desde el que las profundidades de la bóveda celeste se presentan oscuras e inescrutables. Pero allí estaban las supernovas para iluminar el camino.

Las supernovas, como las cefeidas, son objetos celestes cuyo brillo intrínseco se puede determinar. Particularmente, una clase de estas denominada «Tipo Ia». Se trata de la explosión de estrellas llamadas enanas blancas, pesadas como el Sol pero pequeñas como la Tierra. Tiene lugar cuando se forma un sistema binario de dos estrellas, una de las cuales roba materia a su compañera por efecto de la atracción gravitatoria. Llega un momento en que la estrella que engorda se hace inestable y colapsa, provocando una súbita explosión de tal intensidad que su brillo alcanza a ser el mismo que el de una galaxia entera. La característica más importante de estas explosiones es la forma en que la intensidad de su resplandor alcanza un máximo y va disminuyendo en el curso de algunas semanas. La forma de esta curva está relacionada con el brillo intrínseco de las supernovas, lo que permite a los astrónomos, de modo similar al empleado por Hubble con las cefeidas, determinar la distancia a la que se encuentran.

Si bien dichos eventos son inusuales —un puñado por milenio en la Vía Láctea—, al observar muchas galaxias podremos encontrar algunas de estas supernovas en un tiempo razonable. La determinación precisa de distancias a galaxias lejanas permitió a dos grupos de astrónomos, en 1998, calcular cómo cambiaba la velocidad de expansión del universo y les hizo merecedores del premio Nobel de física trece años más tarde. Sin embargo, el resultado que Saul Perlmutter, Brian Schmidt y Adam Riess anunciaron fue absolutamente inesperado e inquietante: la expansión del universo no sólo no se está frenando, ¡se está acelerando!

Este extraño comportamiento del universo ha sido confirmado desde entonces por varias observaciones de naturaleza completamente distinta, por lo que sólo queda aceptarlo e intentar esclarecerlo. Pero ¿cuál es el agente responsable de «empujar hacia fuera» a todas las galaxias? ¿Cómo entender un fenómeno tan extravagante? Bueno… ¡ya advertimos cómo! Necesitamos una fuerza de gravedad que tienda a alejar las masas unas de otras a grandes distancias: ¡el término cosmológico que introdujo —y luego desechó— el propio Einstein! La única fuente natural que tenemos a disposición para dar origen a la constante cosmológica es la energía del vacío. Pero, como ya comentamos, su valor teórico es infinito a menos que dejemos afuera de los cálculos a las energías que son tan altas como para pensar que quizás nuestras teorías no puedan describirlas. Las estimaciones actuales de este tipo difieren del valor que medimos con los telescopios por ciento veinte órdenes de magnitud, es decir, ¡un uno seguido de ciento veinte ceros! Jamás hubo una discrepancia tan abismal entre la teoría y los experimentos en la historia de la ciencia.

Ahora bien, estos números podrían darnos la equivocada impresión de que la constante cosmológica es pequeña. De ningún modo es así; es el valor teórico el que escapa a toda lógica. La constante cosmológica es enorme si la comparamos con otras cantidades que podemos medir. Así, por ejemplo, los modelos teóricos actuales —que reproducen con una precisión espectacular las fluctuaciones infinitesimales de temperatura de la radiación que ha quedado como un vestigio fósil del Big Bang— muestran que para explicar la expansión acelerada del universo se requiere que la energía del vacío, o lo que sea que esté detrás de la constante cosmológica, corresponda a casi un 70 por ciento del contenido energético total. Esta extraña y desconocida forma de energía es de lejos la más abundante en el cosmos. En clara alusión a su carácter ominoso de mano invisible que empuja las galaxias en dirección contraria a la esperada, se la llama «energía oscura».

Podría parecer descorazonador el estado de las cosas. Los modelos teóricos predicen una constante cosmológica absurdamente grande, el sentido estético quisiera que fuese nula y la realidad nos dice que tiene un valor mucho más pequeño, pero aún suficientemente grande como para dar cuenta de casi dos terceras partes del contenido energético del universo. Ya no solo debemos entender por qué la constante cosmológica es tan pequeña; ahora debemos además entender por qué es tan grande. La genial solución que Einstein encontró y de la que luego abjuró, algunas décadas más tarde, parece ser la clave principal que servirá de brújula en el sendero áspero y sinuoso que nos llevará a comprender definitivamente la respuesta a dos preguntas sencillas: ¿de dónde venimos? y ¿adónde vamos?

El fin del universo

La imagen actual del universo predice que la aceleración de su expansión será cada vez mayor, a medida que la materia se diluya y ya nada haga contrapeso a las fuerzas repulsivas. ¿Qué pasará entonces? Las galaxias comenzarán a distanciarse unas de otras, a velocidades cada vez mayores, hasta que su luz sea incapaz de alcanzarnos y las perdamos de vista para siempre. Si nuestra especie estuviera presente cuando esto ocurra, llegaría el momento en que veríamos desaparecer tras el horizonte cosmológico a la penúltima galaxia. Andrómeda, nuestra vecina más cercana, colisionará con la Vía Láctea para formar una única galaxia que navegará solitaria en un cosmos vacío; la imagen del universo que defendía Harlow Shapley en el Gran Debate.

A pesar de que no fue hasta 1998 cuando la constante cosmológica resurgió en el paisaje de la física, Arthur Eddington todavía se aferraba a ella en los años treinta. Tenía ideas filosóficas que le hacían suponer que una pequeña constante cosmológica, tal como su admirado Albert Einstein la había ideado, debía ser una realidad del universo. Su descripción del agónico final hoy parece tan contemporáneo como poético. En *El universo en expansión*, publicado en 1933, escribió: «Todo cambio es relativo. El universo se expande en relación a nuestros estándares materiales comunes; pero estos se están contrayendo respecto del tamaño del universo [...]. Tomemos al universo completo como nuestro estándar de medida y consideremos un sujeto cósmico compuesto de espacio intergaláctico».[79] Para este «ser» es la materia dentro de cada galaxia la que se contrae, por lo que «Mientras las escenas proceden, él nota que los actores decrecen y la acción se hace más rápida. Cuando el último acto comienza, la cortina se levanta y actores enanos apuran sus escenas a velocidades frenéticas. Más y más pequeños. Más y más rápido. Un último e impreciso trazo microscópico de intensa agitación. Y luego nada».

---

[79] Arthur Eddington, *The Expanding Universe*, Cambridge University Press, 1920.

11

El gran ludópata

Martina recibió esa mañana la añorada caja. A Nadia ya le había llegado unos días antes. Las demoras del correo eran difíciles de prever, pero ya estaba acordado que ninguna debía abrirla antes de estar segura de que la otra también la tuviera en sus manos. Ambas sabían que sólo una de ellas contenía en su interior el añorado billete de lotería que había resultado ganador de un premio multimillonario. Las reglas del juego eran claras. Las cajas se habían preparado de modo tal que fueran indistinguibles. Se colocaron una al lado de la otra. Un par de dados serían arrojados. Si la suma era par, se enviaría la de la izquierda a Martina. Si era impar, a Nadia. Ni siquiera se sabía cuál había sido el resultado ya que el procedimiento estaba mecanizado, sin nadie que pudiera verlo.

Estaba todo acordado para que el día señalado, en horario de máxima audiencia, se abrieran las cajas simultáneamente y se supiera quién era la nueva multimillonaria. Había cámaras de televisión tanto en Santiago de Chile como en Santiago de Compostela. Los espectadores veían la pantalla dividida a la mitad, en cada lado la tapa de una de las cajas. En las horas previas se corrió la voz de un espectador en las redes sociales cuestionando el procedimiento: «¿para qué enviaron las cajas por correo? Se podría haber determinado a la ganadora en el punto de origen, una vez que se arrojaron los dados: ése es el momento en el que se decidió el concurso, todo lo demás es redundante». Parece claro que el razonamiento es correcto: el billete de lotería ya está adentro de una de las cajas y allí permanecerá desde que esta se cerró hasta que alguien vuelva a abrirla, de modo que el envío es irrelevante.

Otra voz anónima, de alguien versado en algunos aspectos de la Relatividad Restringida, deslizó una crítica más sofisticada: «¿para qué van a abrir ambas cajas? Con que se abra una ya se conocerá el resultado. Si no está allí el billete ganador, ¡es evidente que estará en la otra! Es más, dado que la simultaneidad depende del estado de movimiento del observador, siempre habrá un punto de vista desde el cual Martina o Nadia hayan abierto su caja antes, condenando a la otra, Nadia o Martina, a un resultado para el que ya no tienen la primicia. ¡La simultaneidad absoluta es una ilusión!». Hay una suposición implícita en este razonamiento que conviene subrayar: que el billete está en una sola de las cajas, de modo que si Martina o Nadia abren la caja y la encuentran vacía, el billete estará inexorablemente en la otra. Y estuvo allí desde el principio. Cuando Martina y Nadia estén a punto de abrir sus cajas, cada una pensará que tiene un 50 por ciento de posibilidades de convertirse en millonaria. Pero la verdad es que eso era cierto en el momento de arrojar los dados. Una vez que eso ocurrió, las posibilidades de una de las dos pasaron a ser del 100 por ciento. El que ambas crean que es del 50 por ciento es el resultado de no saber qué números salieron; es fruto de su ignorancia.

Azar cuántico

La Mecánica Cuántica es una teoría fantástica. No sólo porque es capaz de explicar el universo atómico y subatómico con una precisión magnífica, jamás igualada por ninguna otra rama de la física. También porque nos revela una realidad tan extraña para nuestro sentido común que ni el más imaginativo autor de ciencia ficción podría haberla soñado. Es por esto que uno de los problemas que surgieron poco después de formuladas sus ecuaciones, a mediados de la década del veinte del siglo pasado, fue el de su interpretación.

Las leyes de la Mecánica Cuántica son un conjunto perfecto de reglas matemáticas de las cuales se desprende una realidad difícil de digerir: el «estado» de un sistema cuántico, es decir, la descripción cuantitativa más minuciosa de, por ejemplo, un electrón en cierto instante, no es suficiente para responder en forma categórica a preguntas tan elementales como dónde se encuentra, hacia dónde se mueve, con qué velocidad, cuáles son sus propiedades de rotación y un largo etcétera. La propia noción de trayectoria queda en entredicho. La sencilla pretensión de poder determinar el camino seguido por una partícula del universo atómico resulta abolida por estas leyes.

El desconcierto llegó a su clímax el 25 de junio de 1926, cuando Max Born envió a publicar a la revista *Zeitschrift für Physik* un artículo en el que realizó una propuesta de audacia temeraria: lo único que podemos calcular a partir del estado de un sistema cuántico es la probabilidad de que se encuentre aquí o allá, o de que se mueva para un lado o para el otro. Es todo lo que podemos saber del mundo microscópico. Lejos de lo que parece, esto no quiere decir que el determinismo esté roto en las ecuaciones que gobiernan la Mecánica Cuántica. La progresión en el tiempo del estado del sistema que describe esta ecuación sigue reglas inequívocamente deterministas. Esto significa que es posible seguir su evolución, instante a instante, e incluso invertir la dirección del paso del tiempo de forma imaginaria para ver la secuencia al revés, e inferir cómo era en el pasado, tal como ocurre en sistemas clásicos como el movimiento de los planetas alrededor del Sol. Pero aquello que evoluciona, la así llamada «función de onda» —porque llena el espacio de forma similar a una onda— sólo nos indica las probabilidades de que una observación arroje uno u otro resultado en cada lugar del espacio.

De este modo, por ejemplo, el electrón de un átomo —al que solemos representar como si estuviera orbitando alrededor del núcleo— es en realidad una nube difusa de probabilidades: no está en ninguna parte en especial y está en todas a la vez. La función de onda que lo describe nos informa la probabilidad de encontrar al electrón en algún lugar. Sin embargo —y quizás en esto radique el aspecto más desquiciante de esta teoría— en el momento de observar al electrón, lo encontraremos en un único sitio. Así, al encontrarlo, la nube de probabilidades ya no es tal, puesto que en ese instante sabemos con certeza dónde está. Decimos que su función de onda «colapsó»: la probabilidad de encontrarlo se concentró en aquel único lugar en que sabemos que el electrón ahora se encuentra: la observación marca de este modo un instante de quiebre, como si el electrón hubiera pasado de tener una existencia difusa a concretarse en un punto determinado del espacio: aquel en el que fue visto. Luego de la observación, la función de onda volverá a evolucionar siguiendo las leyes de la Mecánica Cuántica, dispersándose alrededor del átomo como una onda. Ya no será posible retroceder imaginariamente «la película» más allá del momento en el que la nube de probabilidad colapsó. El proceso de observación, lejos de ser inocuo, obliga al sistema cuántico a optar por alguno de los posibles resultados. La observación es la fuente de indeterminismo en la Mecánica Cuántica.

LOS DADOS DE DIOS

Los electrones tienen una propiedad llamada «espín», que a todos los efectos prácticos puede pensarse como un giro intrínseco —aunque estrictamente no lo sea—, como si se tratara de minúsculas peonzas. Pensemos en un sistema que gire sobre sí mismo y que nos resulte familiar: la Tierra. Hay dos datos que caracterizan completamente su rotación: la dirección del eje en torno al cual gira —en el caso de la Tierra, la recta que pasa por los dos polos— y la velocidad de rotación (nuestro planeta da una vuelta cada día). Todavía resta indicar el sentido del giro. Bien sabemos que lo hace en la dirección oeste a este y por eso amanece antes en Santiago de Compostela que en Santiago de Chile. Para almacenar ese dato le agregaremos una flecha al eje de rotación, que apunte hacia el Norte. Así, cualquier giro podemos pensarlo como «de oeste a este», caracterizándolo con una flecha hacia «el norte», o como «de este a oeste», con la flecha orientada hacia «el sur». A partir de ahora, aprovecharemos esto para olvidarnos del giro y concentrarnos en la flecha. Volvamos, pues, al electrón.

Si queremos «medir» el espín de un electrón, tenemos que elegir una dirección en la que haremos la medida. No importa cuál elijamos, la teoría cuántica dice que sólo podemos obtener dos resultados. Estos se pueden representar, siguiendo la discusión anterior, con una flecha que o bien apunta en la dirección de la medición o en la contraria. El equivalente a la velocidad de giro en el caso del electrón es una constante universal bautizada en honor a Max Planck. Los dos resultados de la medida —llamémoslos, esquemáticamente, «flecha para arriba» y «flecha para abajo»—, recuerdan a las dos posibilidades que se presentaban en la historia de Martina y Nadia: «caja con el billete» y «caja sin el billete». Pero las leyes cuánticas, estrictamente, nos dicen que el giro del electrón es indefinido antes de proceder a su medición. No se trata de la ignorancia del observador, es más rotunda la afirmación: el electrón *es* ese sistema indeterminado, completamente caracterizado por un conjunto de probabilidades que se materializan sólo si se procede a observarlas.

Supongamos que en lugar de abrir una caja para comprobar si se trata de una «caja con billete» o «caja sin billete», Martina midiera el espín de un electrón en la dirección vertical para determinar si sale «espín para arriba» o «espín para abajo». Las leyes cuánticas —que, recordemos, son de aplicación irrenunciable cuando hablamos de electrones— dicen que su espín permanecerá indeterminado hasta que Martina lo mida. Ya no se trata de que la caja contenga la información de quien es la ganadora y ella no la sepa: no existe esa información y sólo al abrir la caja, ¡en ese preciso instante!, la Naturaleza se inclinará por el «espín para arriba» o el «espín para abajo», con probabilidades determinadas por su función de onda. No importa si conocíamos con todo detalle el estado del espín y de su entorno unas fracciones de segundo antes. La Mecánica Cuántica no predice el valor del espín en cada instante de tiempo; sólo nos dice cuál es la probabilidad de encontrar el electrón con «espín para arriba» o «espín para abajo».

La realidad cuántica permanece indefinida en la medida en que no es observada. Si esta frase le resulta intolerable, sepa que no está solo: a Albert Einstein —y al propio Erwin Schrödinger— también. En la famosa carta que envió a su amigo y creador de la interpretación probabilística de la función de onda, Max Born, escribió: «La Mecánica Cuántica es algo muy serio. Pero una voz interior me dice que, de todos modos, no es ése el camino. La teoría dice mucho, pero en realidad no nos acerca gran cosa a los secretos de "El viejo". En todo caso, estoy convencido de que *Él* no juega a los dados».[80] Einstein daba a entender que la realidad del mundo natural, aun a escala microscópica, debía ser objetiva, independiente de la existencia de un observador, y sugería que el comportamiento probabilístico de la Mecánica Cuántica se debía a nuestro desconocimiento de todos los detalles de la realidad, del mismo modo en que los meteorólogos sólo pueden ofrecer la probabilidad de lluvia ante la imposibilidad de conocer todos y cada uno de los detalles atmosféricos.

EL GARITO UNIVERSAL

Con el advenimiento de la Mecánica Cuántica aprendimos que el azar en la Naturaleza ya no es sólo fruto de la falta de información, sino que es parte de sus propiedades más esenciales. Niels Bohr impulsó la llamada «interpretación de Copenhague» que refrendaba estas ideas. De algún modo, sostenía que Dios era libre de jugar a los dados y que, de hecho, lo hacía en cada instancia del universo atómico y subatómico, convirtiendo al universo en un colosal garito. Einstein no era una persona de medias tintas, por lo que se convirtió en un apasionado e insidioso detractor de la Mecánica Cuántica. No se trataba de una incapacidad para aceptar ideas novedosas. Por el contrario, él fue uno de los primeros en dilucidar las propiedades cuánticas del mundo microscópico. Sabía que la teoría era correcta. Su incomodidad provenía de la noción de realidad que esta implicaba.

En cierta oportunidad, caminando junto al físico Abraham Pais, le preguntó con sarcasmo: «¿Realmente crees que la Luna sólo existe cuando la miramos?».[81] Einstein pensaba que la

---

[80] Albert Einstein, carta a Max Born fechada el 4 de diciembre de 1926, en: *The Born-Einstein Letters*, The Macmillan Press, 1971.
[81] Abraham Pais, *Subtle is the Lord: The Science and Life of Albert Einstein*, Oxford University Press, 1982.

Mecánica Cuántica era una teoría incompleta. Que tenía que existir una formulación más general, capaz de dar cuenta de todos los fenómenos cuánticos, pero prescindiendo del indeterminismo y del protagonismo del observador en la construcción de la realidad. Para Einstein, que el electrón tuviera su espín «para arriba» o «para abajo» debía ser una realidad objetiva, independiente de la ignorancia de Martina o Nadia en el momento de abrir la caja.

En mayo de 1935 se publicó en la revista *Physical Review* el artículo «¿Puede la descripción mecánico-cuántica de la realidad ser considerada completa?».[82] Sus autores, Albert Einstein, Boris Podolsky y Nathan Rosen describían un sencillo e ingenioso experimento mental —una estrategia inequívocamente distintiva del primero de ellos— que aparentemente demostraba que la respuesta a esta pregunta era negativa. La idea era esencialmente la del juego de Martina y Nadia. Una partícula sin espín se desintegra en dos partículas con espín que salen disparadas en direcciones opuestas. Hay un principio fundamental de la física, cuyo rango es idéntico al de la conservación de la energía, que no permite que cambie el espín total del sistema: si al principio era cero, debe serlo al final también. Por lo tanto, las dos partículas emitidas deberán tener sus espines en direcciones opuestas, de modo que sumen cero. Sin embargo, según la interpretación auspiciada por Niels Bohr y discutida más arriba, el valor de estos espines no está definido hasta que no se realice una observación.

Supongamos que dejamos pasar suficiente tiempo como para que las partículas emitidas estén arbitrariamente lejos la una de la otra. Martina y Nadia las están esperando, cada una

---

[82] Albert Einstein, Boris Podolsky y Nathan Rosen, «Can Quantum-Mechanical Description of Physical Reality be Considered Complete?», *Physical Review*, vol. 47, 1935, pp. 777-780.

en una dirección. Si Martina lo observa y, digamos, obtiene «espín para arriba», automática e instantáneamente el de Nadia tendrá que estar «para abajo». Pero según la interpretación de Copenhague, un instante antes se encontraba indefinido. De este modo, argumentaron Einstein, Podolsky y Rosen, la información del resultado de la medición de Martina habrá sido transferida instantáneamente a la partícula de Nadia —obligándola a definir su espín para no transgredir el principio de conservación—, sin respetar el límite de velocidad que impone la Teoría de la Relatividad. La transferencia tiene que ser instantánea porque de otro modo habría una violación de un principio fundamental de la física durante el lapso que demorara en llegar la información desde Martina hasta Nadia, algo que es inadmisible: las leyes y los principios de la física son de obligado cumplimiento, en todo momento. Si es cierta la interpretación de Bohr de la Mecánica Cuántica, concluyeron, entonces no puede ser correcta la Teoría de la Relatividad ya que esta «espeluznante acción a distancia» incumpliría su mandato.

Parece haber dos salidas a este experimento mental bautizado «paradoja EPR». O bien la «espeluznante acción a distancia» está operando, por lo que la observación de Martina efectivamente afecta al espín de la partícula de Nadia, o bien el valor de ambos espines estuvo siempre bien definido y éramos nosotros los que no lo conocíamos, como en el juego original en el que una de las cajas contenía un billete de lotería, desde el instante en el que los dados decidieron que así fuera. La ignorancia de Martina y Nadia, en el juego, estriba en su desconocimiento del valor de una variable: la suma del puntaje de los dados lanzados. Esto último es lo que Einstein pensaba. La Mecánica Cuántica, en su opinión, simplemente no estaba considerando todas las variables; no era completa. Debía haber «variables ocultas» que restaba descubrir.

LAS DESIGUALDADES DE BELL

La paradoja EPR resultó un hueso duro de roer. Einstein falleció en 1955, posiblemente convencido de que con ella había asestado una herida mortal a la interpretación de Copenhague de la Mecánica Cuántica. De hecho, nadie sabía exactamente qué decir al respecto. Ni siquiera estaba claro cómo poner a prueba estas ideas. Si se hiciera el experimento y Martina observara el «espín para arriba» y Nadia el «espín para abajo», ¿cómo saber que no estaban ya en ese estado antes de la observación? ¿Habría, en efecto, variables ocultas que preservaran una información de tipo no probabilística y sujeta al Principio de Relatividad —es decir, que no pudiera viajar más rápido que la luz—, lo que Einstein llamaba el «realismo local»? Parecía imposible salir del atolladero pero, como casi siempre, fue cuestión de saber esperar la irrupción en escena de la persona adecuada. En 1964, el físico norirlandés John Stewart Bell publicó un trabajo que, con el transparente título «Acerca de la paradoja de Einstein, Podolsky y Rosen»,[83] encontró una manera de ponerla a prueba. A continuación presentaremos una variante de la propuesta de Bell.

Supongamos que hacemos el experimento de Martina y Nadia, pero con una ligera modificación. Cada una de ellas puede medir el espín en tres direcciones posibles —una de ellas vertical—, separadas por un ángulo de ciento veinte grados; como formando el logotipo de una conocida marca de automóviles. Cada una de ellas medirá el espín en alguna de las tres direcciones, seleccionada independientemente —la una de la otra— y al azar. Supongamos que estuviéramos seguros de que la partícula tiene el «espín para abajo», ¿qué ocurriría si lo

---

[83] John S. Bell, «On the Einstein-Podolsky-Rosen Paradox», *Physics*, vol. 1, 1964, pp. 195-200.

midiéramos en alguna de las otras dos direcciones? Las leyes de la Mecánica Cuántica concluyen que la probabilidad de medir «espín para abajo», en cualquier instante, en alguna de las direcciones inclinadas es un cuarto, mientras que la de medir «espín para arriba» resultará de tres cuartos. La idea es ver, en estas condiciones, qué porcentaje de veces las mediciones de Martina y Nadia son opuestas; es decir, una de ellas mide «espín para arriba» y la otra «espín para abajo», sin importar en qué dirección hicieron la medida. Para ello, imaginamos que hacemos el experimento un gran número de veces.

Consideremos la posibilidad de que las dos partículas tuvieran, como pensaba Einstein, información mutua del estado en el que salieron despedidas del punto de desintegración de la partícula inicial. Esta información sería una suerte de acuerdo previo para que, en caso de que su espín sea medido en la misma dirección, el resultado sea opuesto, de modo de satisfacer el principio de conservación del espín. Llamemos (A,B,C) a las tres direcciones en las que pueden medir Martina y Nadia el espín; cada una de ellas puede dar «espín para arriba» o «espín para abajo»; es decir ↑ o ↓. Como la dirección es seleccionada al azar, da igual cuál es A, B o C. Un posible plan es que la partícula que sale hacia Martina tenga registrado el patrón (↑,↑,↑) —es decir, en cualquier dirección que mida Martina se encontrará con «espín para arriba»—, en cuyo caso la partícula que se dirige hacia Nadia tendrá que tener (↓,↓,↓). De este modo se aseguran respetar el principio de conservación del espín. Si fuera esta la situación, Martina y Nadia observarían espines opuestos el 100 por ciento de las veces, no importa en qué dirección midiera cada una. Todas las flechas de Martina apuntan en dirección opuesta a las de Nadia.

Pero también podría darse que el patrón de la partícula que va hacia Martina fuera (↑,↑,↓), en cuyo caso el de aquella que detectará Nadia habría de ser (↓,↓,↑); y así sucesivamente. En este caso, la situación sería un poco más complicada: Martina y Nadia medirían espines distintos cinco de cada nueve veces —si elegimos una flecha de Martina y una de Nadia, de las nueve combinaciones posibles hay cinco que son opuestas y cuatro que apuntan en la misma dirección—. En definitiva, si las partículas tuvieran información mutua desde el comienzo, Martina y Nadia medirían espines opuestos en una proporción de al menos cinco de cada nueve veces; traducido a porcentaje, esto representaría casi un 56 por ciento. ¿El resultado experimental? 50 por ciento! No hay forma de que variables ocultas preestablecidas den cuenta de esto, ya que estas siempre arrojarán probabilidades mayores del 56 por ciento. Esta violación de la denominada «desigualdad de Bell» es indicativa de que no hay variables ocultas; la interpretación de Copenhague es correcta. De hecho, podemos entender cómo la Mecánica Cuántica predice el 50 por ciento obtenido experimentalmente.

Supongamos que Martina mide ↑ en la dirección vertical. Sabemos que la partícula observada por Nadia, en ese instante, está condenada a estar en el estado vertical ↓. Pero como la dirección de medición es elegida al azar, sólo un tercio de las veces saldrá la vertical. Los otros dos tercios de las veces serán elegidas las otras dos direcciones y, como mencionamos antes, dado que estamos seguros de que el espín apunta hacia abajo en la dirección vertical, la probabilidad de medir ↓ en esas direcciones es un cuarto. En total, la probabilidad de que los espines sean opuestos es un tercio más dos tercios por un cuarto; es decir, un medio: un 50 por ciento de las veces, exactamente lo que ocurre en los experimentos que empezaron a hacerse en los setenta y de manera más convincente a principios de los ochenta, en el grupo del físico francés Alain Aspect. Experimentos así son rutinarios hoy en día. Se dice que las partículas están «entrelazadas», ya que de alguna manera las mediciones que hagamos sobre ellas no serán independientes por mucho que se alejen entre sí.

Fue así como John Bell fue quien finalmente pudo comprobar que Einstein se equivocaba en cuanto a su concepción de la Mecánica Cuántica. En una conversación con el escritor Graham Farmelo, Bell le dijo respecto del debate entre Einstein y Bohr sobre la Mecánica Cuántica: «Bohr era inconsistente, poco claro, porfiadamente oscuro, pero tenía razón. Einstein era consistente, claro, con los pies en la tierra, pero estaba equivocado.»[84]

EL GRAN LUDÓPATA

Si ha logrado mantener la atención hasta este punto, es probable que una duda inquietante esté revoloteando frente a sus ojos: ¿quiere decir lo anterior que la información viaja desde una partícula a la otra más rápido que la luz echando por tierra a la Teoría de la Relatividad? La respuesta es no; los experimentos anteriores no implican la existencia de una «espeluznante acción a distancia», como temía Einstein. Se trata más bien de que no es posible considerar por separado ambas partículas. No importa lo lejos que estén, forman un sistema único. Si se tratara de una acción a distancia podríamos utilizarla para enviar mensajes más rápido que la velocidad de la luz. Pero esto no es posible ya que ni Martina ni Nadia pueden controlar el resultado de su observación, de modo que no hay manera de que utilicen el «entrelazamiento» para enviar información.

---

[84] Graham Farmelo, «Random acts of science», *The New York Times*, 11 de junio de 2010.

No deja de ser curioso que el extraordinario ingenio de la paradoja EPR, coartada pergeñada por Einstein para salvaguardar las vergüenzas de un Dios con inclinación a los juegos de azar, haya sido la piedra de toque que sirvió de puntapié inicial a una nueva disciplina, interesante y prometedora por demás: la computación cuántica. Del mismo modo en que las antiguas máquinas se servían de engranajes que repartían el movimiento de sus piezas mecánicas y las computadoras digitales utilizan cables y circuitos integrados para distribuir unos y ceros, las computadoras cuánticas pretenden utilizar el entrelazamiento de sistemas atómicos como base de su conectividad. Como ocurrió con el término cosmológico, pareciera que Einstein estaba iluminado incluso cuando se equivocaba.

La Naturaleza a escalas pequeñas es esencialmente probabilística y el observador es parte esencial de las leyes cuánticas. Einstein estaría horrorizado de comprobarlo, pero lo cierto es que la Mecánica Cuántica sigue funcionando exitosamente hasta nuestros días a pesar de las innumerables incomodidades epistemológicas que entraña. No nos queda otra que rendirnos a la evidencia y acostumbrarnos a la desquiciante realidad que parece imponer. Se cuenta que Richard Feynman decía que «si piensas que entiendes la Mecánica Cuántica, es porque no la entiendes». Aunque la cita es probablemente apócrifa, esboza con claridad la sensación que esta gran teoría deja en todo aquel que logra dominarla. Es que todos los intentos como los que hizo Einstein, tratando de ajustar su interpretación a nuestra concepción intuitiva de la realidad, por numerosos que hayan sido y brillantes quienes los embanderaron, han sido categóricamente inconducentes.

Cuando Einstein le dijo a Born que Dios no jugaba a los dados no podía imaginar que, muy por el contrario, no hay rincón del universo en el que no lo esté haciendo. La totalidad del cosmos no es más que una gran timba universal. La vida, la conciencia y el libre albedrío, acaso sean deudores de una mano afortunada sobre un cubilete en racha. El universo no es otra cosa que un faraónico garito en el que despunta el vicio el Dios de Spinoza; el gran ludópata.

12

Nubes sobre Kokura

El jueves 9 de agosto de 1945, a las 10.45 de la mañana, el silencio de la antigua ciudad de Kokura se vio interrumpido por el rugido de dos bombarderos B-29 de la fuerza aérea norteamericana. La tranquila ciudad del sur de Japón, que poco más de dos décadas atrás había tenido el raro privilegio de albergar un concierto de villancicos interpretados al violín por Albert Einstein, se sumergió de inmediato en el estruendo de la artillería antiaérea y las sirenas. Tres días antes, a sólo ciento cincuenta kilómetros, la primera bomba de uranio había sido lanzada sobre la población de Hiroshima. Las noticias de la destrucción y el horror estaban frescas en la memoria de los aterrados habitantes de Kokura, a pesar de que ignoraran que su propia ciudad era el plan B del piloto del *Enola Gay,* en caso de que las nubes restaran visibilidad sobre Hiroshima.

Kokura era el blanco elegido para la bomba de plutonio y por ello la sobrevolaban los B-29. Poco después, sin embargo, retornó el silencio. Distinto. Tenso y amenazante. Quince minutos más tarde la bomba de plutonio fue detonada sobre la ciudad de Nagasaki, el plan B de esa misión. Las nubes sobre el cielo de Kokura y la densa humareda negra provocada por los incendios de la vecina Yawata, bombardeada el día anterior, llevaron al piloto a abortar la operación original y cambiar su rumbo al suroeste. Equidistante entre Hiroshima y Nagasaki, la vida de los habitantes de Kokura siguió adelante, fruto de unas caprichosas nubes pasajeras.

Ciencia universal: de Berlín a Kokura

Unos cincuenta años antes, Kokura fue el sitio elegido para silenciar al destacado intelectual japonés Mori Ōgai. Poeta, novelista, médico y crítico literario, fue enviado allí como médico jefe de una base militar. El exilio interior en este remoto confín del país atenuaría el ruido incesante que Ōgai provocaba, tanto en el mundo literario como en el científico. Había sido enviado a Alemania en 1884 para estudiar los avances de la medicina europea, en tiempos en los que Japón había decidido abrirse culturalmente a Occidente. De regreso encontró una fuerte oposición entre sus pares. La medicina tradicional japonesa no quería claudicar ante las novedades que este joven traía de Europa. «La medicina no es ni occidental ni japonesa. La medicina es universal y hay sólo una manera de alcanzar este nirvana: la investigación»,[85] escribió Ōgai en 1889. Su espíritu indómito lo llevó a acumular enemigos, a quienes enfrentaba en columnas y revistas que editaba en Tokio. Su lucha se hizo más difícil desde el ostracismo de Kokura.

Mori Ōgai había estudiado en Berlín bajo la dirección de Robert Koch, poco después de que este encontrara el bacilo que provoca la tuberculosis. Alemania era un paraíso para la ciencia y la cultura, un terreno fértil en el que florecía el talento en un marco de relativa diversidad y tolerancia. Era el lugar idóneo para que Ōgai se embebiera en lo más elaborado del pensamiento europeo.

---

[85] Citado en: Ikematsu Keizo, *Meiji Nijunendal ni Okeru Mori Ōgai* (Mori Ōgai in Meiji 20's), Shisa, 1956.

Allí mismo, un siglo antes, el químico Martin Klaproth había descubierto el uranio, elemento químico que con sus noventa y dos protones era el de mayor número atómico conocido hasta entonces. El nombre fue un homenaje manifiesto a su compatriota William Herschel, quien poco antes había descubierto a Urano, el planeta más remoto que se conocía. Hasta el día de la muerte de Ōgai, el uranio fue el coloso de los átomos. Casi inexistente, sin embargo, bajo el suelo del archipiélago volcánico al que conocemos como Japón. Es de suponer que Ōgai desestimara como delirante la hipótesis de que algún día pudieran caer del cielo sesenta y cuatro kilogramos de uranio con apocalíptico resultado. Ocurrió menos de un cuarto de siglo después de su muerte.

EINSTEIN Y JAPÓN

El 25 de diciembre de 1922, Albert Einstein dio un concierto de violín en la fiesta de Navidad organizada por la Asociación Cristiana de Jóvenes de Kokura. La dulzura con la que interpretaba a Mozart le había abierto las puertas del corazón de su prima Elsa —quien ahora lo escuchaba en primera fila— desde la infancia hasta el matrimonio, celebrado tan pronto pudo divorciarse de Mileva, apenas cuatro días después del eclipse de Sol que lo convertiría en una celebridad mundial unos meses más tarde. Habían hecho un largo viaje en barco a Japón, pasando por Ceilán, Singapur, Hong Kong y Shanghái, en el medio del cual supo que le habían otorgado el premio Nobel de física —que si bien corresponde oficialmente a 1921, se entregó en 1922 junto con el de ese año, concedido a Niels Bohr—. La extensa visita prevista a un país que le despertaba una enorme y respetuosa curiosidad fue la justificación perfecta para excusarse y no asistir a la ceremonia de entrega en Estocolmo.[86] También para abandonar Alemania, cuando menos por un tiempo, horrorizado por el brutal asesinato del ex ministro de Asuntos Exteriores y amigo suyo, Walter Rathenau, a manos de militantes ultranacionalistas de claro perfil antisemita.

El edificio en el que una multitud de jóvenes lo escuchaba con incondicional devoción se encontraba a pocas cuadras de la casa en la que Mori Ōgai había residido durante su estancia en Kokura. Ōgai había muerto en Tokio sólo seis meses antes de la visita del físico, afectado por la misma tuberculosis cuya causa había sido revelada por su maestro en Berlín. La enorme expectación que acompañó la visita de Einstein a lo largo de los cuarenta y dos días que permaneció en Japón tenía como único precedente comparable a aquella que había realizado unos años antes el propio Robert Koch, quien fue recibido con honores de jefe de Estado, al punto de que se construyó un templo en su honor: una de cada veinte muertes en Japón eran provocadas por la tuberculosis; decenas de miles de japoneses podrían seguir viviendo cada año gracias al descubrimiento de Koch.

Einstein tocó alegremente el violín a pesar de la recargada agenda que venía cumpliendo en su gira, brindando conferencias extenuantes —que llegaron a prolongarse hasta por seis horas en la Universidad de Keiō—, todos los días, en distintas ciudades. Explicaba la Teoría de la Relatividad a públicos que atiborraban auditorios y lo escuchaban con paciencia a pesar de que la mayoría, incluyendo al sufrido responsable de la traducción, entendiera poco o nada de lo que allí se estaba presentando. Una multitud lo esperaba a su llegada a Tokio gritando

---

[86] El importe del premio, por otra parte, iría a parar a manos de Mileva, tal como estaba estipulado, preventivamente, en el acuerdo de divorcio firmado el 14 de febrero de 1919.

¡Einstein banzai! convirtiendo la estación en un auténtico caos, llegando muchos japoneses a no poder contener las lágrimas ante la estampa del flamante premio Nobel. Más que un científico transmitiendo sus hallazgos parecía lo que unas décadas más tarde sería una estrella de rock en una gira.

Einstein fue testigo de la entusiasta apertura de Japón hacia Occidente, de la que Mori Ōgai había sido pionero, durante el apogeo del llamado periodo *Meiji*. Al final de su gira advirtió: «Es cierto que el pueblo de Japón admira los logros intelectuales de Occidente y es así como se ha imbuido con éxito y con gran idealismo en las ciencias. Yo espero, sin embargo, que no olviden mantener puras las virtudes que poseen sobre Occidente: el sentido artístico con que ejercitan su vida, la modestia y falta de pretensión en sus necesidades personales, y la pureza y calma del alma japonesa».[87] El comentario puede parecer inapropiado por su tono paternalista, pero debe comprenderse desde el modo de pensar de Einstein. Si bien para él la ciencia —y, en general, toda la actividad intelectual— era patrimonio universal de la humanidad, todo esfuerzo sería en vano si el hombre no observara y proyectara conocimiento al mundo desde la firmeza que sólo pueden darle sus propias raíces: su historia y su gente.

Esa Navidad Einstein sentía algo parecido a la gratitud mientras tocaba su violín alegremente para un público juvenil entregado, presa de la fascinación. Jamás podría haber llegado a imaginar, ni el más reputado autor de ficción a urdir, la historia que dos décadas más tarde lo acercaría al destino apocalíptico reservado para Kokura.

---

[87] Albert Einstein, «Musings on my Impressions in Japan», manuscrito completado el 7 de diciembre de 1922 y publicado en: *Kaizo*, núm. 5, 1923. Reimpreso en: *The Collected Papers of Albert Einstein, Vol. 13: The Berlin Years: Writings and Correspondence, January 1922-March 1923*, Princeton University Press, 2012.

La carta

Franklin Roosevelt, presidente de Estados Unidos, leyó con gran inquietud la carta que, fechada el 2 de agosto de 1939, había recibido esa mañana: «Durante los últimos cuatro meses se ha descubierto [...] que podría ser factible gatillar una reacción nuclear en cadena en una masa grande de uranio, la cual generaría una cantidad de potencia enorme y una variedad de elementos similares al radio. Es ahora casi una certeza que esto podría lograrse en el futuro inmediato. [...] y es concebible —aunque mucho menos seguro— que bombas extremadamente poderosas de una nueva clase pudieran ser construidas».[88] Redactada por el físico húngaro Leó Szilárd, uno de los mayores expertos en el área, llevaba la firma de su colega y amigo, Albert Einstein.

Szilárd diseñó junto a Enrico Fermi el primer reactor nuclear, que se encendió en noviembre de 1942 en una cancha de squash de la Universidad de Chicago. Como muchos físicos de la época estaba al tanto de los nuevos descubrimientos en física nuclear y de las peculiares propiedades del uranio. Pero él sabía algo más. Involucrado en los desarrollos más recientes, era consciente de que los alemanes, que tenían en su país grandes especialistas en el tema, estaban avanzando rápidamente en esa línea de investigación. Tanto es así que ya habían dejado de vender el uranio procedente de las minas de la ocupada Checoslovaquia. El que una bomba de las características que prometía la energía nuclear llegara a manos de Hitler era una amenaza demasiado grande. Szilárd buscó la ayuda de Einstein, cuya fama podría llamar la atención del presidente Roosevelt.

---

[88] La carta, hoy de dominio público, puede encontrarse por ejemplo, en la página Web de la Office of Scientific and Technical Information, del United States Department of Energy. Allí se mantiene un archivo sobre el Proyecto Manhattan.

Einstein comprendió la gravedad de la situación y firmó la carta; el «Proyecto Manhattan» no tardó en establecerse. Un grupo de científicos y técnicos excepcionales se abocaron, bajo la dirección de Robert Oppenheimer, a una compleja operación secreta que debía culminar con la construcción de una bomba de uranio, que acabaría arrojándose sobre Hiroshima.

La comunidad científica fue, en general, contraria al bombardeo. Einstein dijo a *The New York Times* en agosto de 1946 que estaba seguro de que «el presidente Roosevelt habría prohibido el bombardeo atómico sobre Hiroshima si hubiese estado vivo». Leó Szilárd fue un ferviente crítico de su uso sobre civiles. Incluso antes de que se lanzase envió una petición al presidente Harry Truman para que la bomba sólo se usara como una demostración de fuerza en áreas no habitadas o evacuadas. Junto a Einstein crearon el Comité de Emergencia de Científicos Atómicos para incentivar el uso pacífico de la energía nuclear y oponerse a la construcción de armas de destrucción masiva. De acuerdo al químico estadounidense Linus Pauling, Einstein le habría dicho en 1954: «Cometí el peor error de mi vida cuando firmé la carta al presidente Roosevelt recomendando que las bombas se construyeran; pero había cierta justificación: el peligro de que los alemanes las hicieran».

La inestabilidad de los núcleos atómicos grandes

El reinado del uranio como titán de los átomos duró un siglo y medio, hasta que el año 1940 vio nacer a dos nuevos integrantes de la tabla periódica, los elementos noventa y tres y noventa y cuatro. Se habían fabricado en el Lawrence Berkeley National Laboratory de California. Para Edwin McMillan y Philip Abelson fue evidente que el elemento que sigue al uranio debía llamarse como el planeta que sigue a Urano

—predicho teóricamente por el matemático francés Urbain Le Verrier y descubierto a partir de sus cálculos la noche del 23 de septiembre de 1846 en el Observatorio de Berlín—. El neptunio, sin embargo, era un átomo inestable que en cosa de días se transformaba en otro. Este último fue aislado e identificado por Glenn Seaborg a fines de ese año. Tenía noventa y cuatro protones, por lo que no tardaron en llamarlo, con lógica transparente, plutonio.

No es tarea fácil ensamblar núcleos atómicos grandes. Los protones se repelen eléctricamente por lo que se requiere mucha energía para acercarlos hasta volúmenes suficientemente pequeños de modo tal que las fuerzas nucleares actúen y logren unirlos. Para mejorar el pegamento nuclear se requieren neutrones, partículas similares a los protones pero sin carga eléctrica. En el caso del uranio son necesarios ciento cuarenta y seis neutrones para estabilizar, en la medida de lo posible, a los noventa y dos protones del núcleo. Se lo conoce como uranio-238, para diferenciarlo de otros isótopos,[89] menos comunes, que tienen más o menos neutrones. Por ejemplo, el uranio-235, combustible de la bomba de Hiroshima.

Los núcleos de uranio-238, al igual que los de todos los elementos que lo siguen en la tabla periódica, son inestables. Se desarman, emitiendo radiactividad y transmutando en otros núcleos más pequeños. Es lo que se conoce como «fisión nuclear». El uranio-238 tiene una vida media mayor que la edad de la Tierra, por lo que no ha tenido tiempo de desaparecer por completo de nuestra corteza y a todos los efectos prácticos podemos considerarlo como estable. Elementos de mayor número atómico son aún más inestables y si existen en forma

---

[89] El número doscientos treinta y ocho da cuenta de la cantidad total de «nucleones» y resulta de añadirles a los noventa y dos protones del uranio los ciento cuarenta y seis neutrones que conviven con estos en el núcleo.

natural es sólo en trazas insignificantes. Normalmente se trata de subproductos de la desintegración del propio uranio. Un buen ejemplo es el plutonio-239, que resulta del decaimiento del uranio-238 cuando absorbe un neutrón más. Como todos los núcleos pesados, el uranio fue creado en grandes explosiones estelares, las supernovas, cuyas enormes energías fueron capaces de contrarrestar la repulsión eléctrica para ensamblarlos. Estas energías fabulosas pueden ser liberadas si de alguna manera facilitamos la disgregación de estos núcleos.

EXPLOSIONES NUCLEARES

La clave de una explosión nuclear es el efecto dominó de una reacción en la que el núcleo atómico se parte en dos por el impacto de un neutrón, liberando en el proceso dos o tres neutrones que a su vez partirán otros núcleos. Si hay disponibles suficientes núcleos como para que no haya neutrones desperdiciados —al no tener carga eléctrica les resulta sencillo pasar desapercibidos—, se produce la reacción en cadena que lleva a la liberación de una cantidad enorme de energía en muy poco tiempo. A ese número suficiente de núcleos atómicos se lo denomina «masa crítica». Si un núcleo se parte emitiendo dos neutrones, por ejemplo, en el siguiente paso serán dos los núcleos que se partirán emitiendo cuatro. Luego ocho, dieciséis, treinta y dos… al cabo de ochenta iteraciones, el número de núcleos partidos será de un billón de billones. Cada paso insume menos de una millonésima de segundo por lo que toda esta coreografía de núcleos rotos es prácticamente instantánea.

Si buscamos obtener energía a partir de la reacción en cadena recién descrita, el plutonio-239 tiene dos ventajas respecto del uranio-235. Primero, el número de neutrones emitidos en cada paso es tres, por lo que hacen falta menos iteraciones para liberar la misma cantidad de energía. En el ejemplo anterior, cincuenta en lugar de ochenta. Esto implica que la masa crítica es menor: el equivalente a una lata de cerveza ordinaria. Teniendo en cuenta que estos materiales son muy escasos, esta es una gran ventaja. Segundo, el plutonio-239 es un subproducto estándar del uranio-238 en cualquier reactor nuclear. Hasta aquí las ventajas. El problema es que la bomba de plutonio tiende a detonar antes, al ensamblarse, debido a la inevitable presencia de plutonio-240, que tiene la inoportuna costumbre de fisionarse espontáneamente, sin necesidad de un neutrón incidente. La ingeniosa (y compleja) solución a este problema fue la implosión: se colocan explosivos rodeando una esfera con plutonio y al detonar la esfera se contrae comprimiéndolo, impidiendo a los neutrones escapar. Por eso la bomba de plutonio reservada para Kokura era esférica y por ello también era necesario probarla previamente.

Poco antes del amanecer del 16 de julio de 1945 se hizo estallar la primera bomba de plutonio en Alamogordo, Nuevo México. Científicos y militares observaron la explosión cuerpo a tierra, a catorce kilómetros de distancia. Se había instalado un sofisticado sistema de medición para determinar la energía liberada por la explosión. Tan pronto como el cielo se encendió con un resplandor nunca antes visto, uno de los científicos se puso de pie, sacó del bolsillo papel picado y lo dejó caer. Los primeros pedacitos cayeron a sus pies. El bramido de la explosión tardó unos cuarenta segundos en llegar, tal como el trueno es más lento que el rayo, y en el momento de su arribo el estruendoso soplido se llevó por delante el picadillo haciéndolo caer a dos metros y medio, distancia que el científico midió con una regla que llevaba encima. Sacó del bolsillo un papel con una tabla escrita a mano y dijo «diez kilotones». Es decir, el equivalente a diez mil toneladas de TNT. Enrico Fermi no se sorprendió cuando el análisis cuidadoso de los datos confirmó, horas después, que su estimación había sido aproximadamente correcta.

LA OTRA CARTA

Sólo un minuto antes de que el B-29 lanzara la bomba de plutonio, otro bombardero arrojó algunos instrumentos de laboratorio —destinados a recabar información de lo que, en definitiva, podía interpretarse como un singular y siniestro experimento— entre los que se encontraba adosada una carta anónima dirigida al físico japonés Ryokichi Sagane. La había escrito, junto a dos miembros de su equipo, el físico estadounidense Luis Álvarez, quien observó desde el avión el brillo enceguecedor surgido del vientre de supernovas sobre el cielo de Nagasaki y el hongo atómico que vino a continuación. No la firmaron. Se identificaron como antiguos colegas de Berkeley. En la carta se le suplicaba que utilizara sus influencias para acelerar la rendición de Japón. El contenido era amenazante, «como científicos deploramos el uso que se le ha dado a un bello descubrimiento, pero podemos asegurar que a menos que Japón se rinda de inmediato la lluvia de bombas atómicas se incrementará con furia».[90] Al momento de ser lanzada la de plutonio, que se sepa, Estados Unidos no disponía de una tercera bomba, aunque seguramente ya estaban construyéndola.

La carta fue encontrada por el ejército japonés y Sagane no la recibió hasta un mes después. A pesar de la tragedia, se mantuvo en contacto con Álvarez y con otros físicos estadounidenses, y su participación fue esencial en el programa nuclear japonés, desarrollado con una importante colaboración norteamericana.

---

[90] Una copia de la carta original se mantiene en la biblioteca de la Washington State University (en la página web se puede ver una fotografía de la misma).

Como Ōgai, Sagane fue fundamental en el desarrollo del Japón moderno. Cuatro años después de que la bomba de Nagasaki cayera junto a la misiva de uno de sus arquitectos, Álvarez y Sagane se reunieron y la carta fue finalmente firmada: «A mi amigo Sagane. Con mis mejores deseos. Luis W. Álvarez».[91]

Luis Walter Álvarez tuvo una carrera científica descollante, coronada por el premio Nobel en 1968, recibido por su trabajo en la física de las partículas elementales. Su contribución científica más importante, sin embargo, realizada junto al geólogo Walter Álvarez —su hijo—, fue la teoría de la extinción de los dinosaurios por la caída de un meteorito, deducida a partir del exceso de iridio hallado en una capa geológica correspondiente a unos sesenta y cinco millones de años de antigüedad. Más adelante se descubriría el cráter de Chicxulub en la península de Yucatán y se lo identificaría como aquel producido por el meteorito en cuestión. No deja de resultar sugerente la posibilidad de que la idea de una extinción masiva de la vida por obra de un objeto caído del cielo estuviera influida por su propia participación en la misión que acabó de un plumazo con la vida de decenas de miles de personas en Nagasaki. Habrían de pasar aún algunos años para que los afortunados habitantes de la vecina Kokura supieran que la bomba de plutonio era para ellos, que el presidente Truman aguardaba la noticia de su extinción, y que habían sorteado su destino de dinosaurios por la azarosa presencia de unas caprichosas nubes pasajeras.

---

[91] En el blog *Letters of Note*, editado por Shaun Usher, que recopila una gran cantidad de cartas célebres, se encuentra una fotografía de la carta firmada por Álvarez.

13

Los Einstein de Auschwitz

«Querido Sommerfeld, no te molestes conmigo por responder tu amable e interesante carta recién hoy. Este último mes ha sido uno de los más estimulantes y agotadores de mi vida. Quizás también el más exitoso. No podía pensar en escribir.»[92] Esto le escribía Albert Einstein a uno de los pioneros de la teoría atómica, Arnold Sommerfeld, el 28 de noviembre de 1915. Tres días antes había presentado ante la Academia de Ciencias Prusiana la Teoría de la Relatividad General, que echaba por tierra a la Ley de la Gravitación Universal que Isaac Newton formulara trescientos veintiocho años antes y en la que se basaba hasta ese entonces la comprensión del movimiento de los planetas y las estrellas. La importancia y belleza de la obra de Einstein no tiene parangón en la historia de la humanidad.

Einstein trabajó obsesivamente ese año en Berlín, buscando las ecuaciones que describieran la dinámica del campo gravitacional. Sabía que la teoría de Newton sólo podía ser válida en forma aproximada ya que sufría de inconsistencias internas; resultaba incompatible con el principio relativista formulado por él mismo en 1905 y era incapaz de explicar

---

[92] *The Collected Papers of Albert Einstein, Vol. 8. The Berlin Years: Correspondence, 1914-1918*, Princeton University Press, 1998.

el comportamiento anómalo de la órbita de Mercurio. Su familia estaba en Suiza, y gracias a su enorme prestigio había conseguido que la Academia de Ciencias Prusiana lo relevara de toda obligación docente para dedicarse en cuerpo y alma a sus investigaciones. Jamás podía pasar por su cabeza que unos años después debiera abandonar Alemania para siempre. Con la llegada al poder de Adolf Hitler, su casa fue embargada y Einstein acudió al consulado alemán de Amberes para devolver su pasaporte y repudiar su ciudadanía alemana. Menos aún podía imaginar lo que le habría esperado de no haber emigrado a los Estados Unidos.

El destino de Albert fue muy distinto al de tantos otros Einstein. Pensamos en Isaak, Max, Lydia, Mina, Hermann, Luise, Hilda y Selma. Pero también en Siegfried, Ida, Henrik, Moritz, Samuel, Josef y Paula. Desde luego que no podemos olvidar a Sophie, Adolf, la inocencia del pequeño Ruben, ni dejar de pensar en Heniek, cuyos dos años de vida fueron una corta temporada en el infierno. Albert lo sabía porque nunca pudo volver a ver a su prima Lina, tres años mayor que él. Todos ellos, adultos, bebés, niños y ancianos, fueron arrancados de sus casas brutalmente, transportados como ganado al campo de exterminio de Auschwitz y asesinados industrialmente en sus cámaras de gas. Otros Einstein fueron asesinados en Treblinka o murieron de tifus en el hacinamiento inhumano del gueto de Terezin.

Hace poco más de setenta años las tropas soviéticas liberaron Auschwitz. Sus soldados no daban crédito al espectáculo dantesco: la obra más oscura y macabra de la historia del hombre se alzaba frente a sus ojos. Allí mataron a más de un millón de personas en sus tres años de funcionamiento. Unas mil personas eran asesinadas cada día. El 90 por ciento de ellos eran judíos, deportados desde distintas partes de Europa obedeciendo a la «solución final» decidida por los nazis en la conferencia de

Wannsee, el 20 de enero de 1942. Apenas un cuarto de siglo antes de que Hitler ordenara el exterminio del pueblo judío, uno de ellos, en la vecina Berlín, gestaba la más bella y sobrecogedora teoría de la historia de la ciencia.

En la cultura judía existe una máxima en torno a la Shoa: «recordar, jamás olvidar». Así como las grandes catástrofes naturales nos ayudan a prepararnos para las que vendrán, los desastres humanitarios deberían convertirse en una alerta permanente. No debemos olvidar. Incluso en los lugares en donde algo así parezca imposible. También lo parecía en el que posiblemente era el lugar más educado, culto y sofisticado del planeta: Alemania, la cumbre de la civilización occidental. Un giro irracional puso toda esa sofisticación al servicio de la creación de la más eficiente maquinaria de la muerte jamás creada. Aquella que acabó con la vida de ellos, los otros Einstein.

14

Oscuridad fundamental

El vapor *Belgenland*, con Albert Einstein y su esposa Elsa a bordo, zarpó de Amberes el 2 de diciembre de 1930. El destino era San Diego, California, para trasladarse desde allí por tierra hasta Pasadena, invitado por el director del Instituto Tecnológico de California y premio Nobel de física en 1923, Robert Millikan. Estaba prevista una parada de casi una semana en Nueva York y de treinta horas en La Habana, antes de cruzar el Canal de Panamá. Acompañaban a los Einstein en su segunda visita a Estados Unidos el matemático austríaco Walther Mayer, quien por aquellos días era su interlocutor científico, y Helen Dukas, su secretaria. Los días que pasó en Nueva York rechazó la invitación a pernoctar en un lujoso hotel y lo hizo en el barco. Agobiado por el acoso de reporteros, fotógrafos y admiradores que lo perseguían en busca de un autógrafo, prefirió optar por la tranquilidad que le proporcionaba la vida de a bordo. Concedió algunas entrevistas pero el nulo entusiasmo que le despertaron quedó consignado en su diario de viaje: «Los reporteros preguntaron particularmente cuestiones fútiles a las que respondí con bromas baratas que fueron recibidas con gran entusiasmo».[93]

---

[93] Albert Einstein, *Diarios de Viaje: 30/11/1930 a 15/06/1931*, The Albert Einstein Archives, The Hebrew University of Jerusalem, ref. 29-134.

Tan pronto puso un pie en suelo cubano, la mañana del 19 de diciembre, Albert Einstein manifestó su deseo de comprar un sombrero «panamá» que le ayudara a sobrellevar lo que se perfilaba como un día caluroso. El dueño de El Encanto, la tienda más reputada de La Habana, le ofreció el mejor de sus sombreros por un módico precio: una foto. Los organizadores de la visita a Cuba planificaron una agenda intensa. Se realizó una ceremonia en su honor en la Academia de Ciencias Médicas, Físicas y Naturales, en asociación con la Sociedad Geográfica de Cuba, de la que cabe resaltar las palabras que Einstein escribió en el Libro de Honor: «La primera sociedad verdaderamente universal fue la de los investigadores. Ojalá pueda la próxima generación establecer una sociedad política y económica que nos preserve de las catástrofes».[94] Sus palabras estaban claramente salpicadas del estado de ánimo imperante en el mundo tras la Gran Depresión del veintinueve, la que, entre otras cosas, había permitido al Partido Nazi multiplicar casi por diez su número de votos convirtiéndose en la segunda fuerza parlamentaria: «Hitler vive en los estómagos vacíos de Alemania»,[95] había declarado a su paso por Nueva York.

Einstein visitó a la comunidad judía habanera al promediar la tarde. Fue paseado por diversas instituciones, cuidándose los organizadores de evitar cualquier mención a la Universidad de La Habana, para no tener que dar explicaciones acerca de la clausura por tiempo indeterminado decretada por el dictador Gerardo Machado en represalia por haberse convertido esta en un destacado foco de rebelión popular contra su gobierno. Se lo llevó, en cambio, a lugares exclusivos como el Yacht Club de La Habana y, finalmente, a una recepción nocturna en la

---

[94] José Altshuler, *Las 30 horas de Einstein en Cuba*, Editorial Academia, 1993.
[95] «Einstein on arrival braves limelight for only 15 minutes», *The New York Times*, 12 de diciembre de 1930.

Sociedad Cubana de Ingenieros, de la que se escabulló lo más discretamente posible para retirarse al barco, agobiado por las exageradas atenciones que recibía y rechazando la invitación a pernoctar en el emblemático Hotel Nacional. A la mañana siguiente Einstein sorprendió a sus anfitriones con un pedido inesperado: quería conocer los barrios más pobres de la ciudad. Con contenido embarazo, ante su insistencia, lo llevaron a conocer barrios cuya extracción humilde se desprendía desde sus propios nombres —tan pintorescos como Pan con Timba o Llega y Pon—. Elsa y Albert mostraron gran interés por lo que veían y agradecieron que se accediera a su inusual pedido. Una vez en altamar, rumbo al Canal de Panamá, dejó sus impresiones en el diario de viaje: «Clubes lujosos pared con pared con la pobreza descarnada que afecta principalmente a la gente de color».[96]

La llegada de Einstein a Pasadena tuvo lugar en enero de 1931. A pocos kilómetros de Caltech se erigía el Observatorio Astronómico del Monte Wilson, quizás la razón fundamental para motivarlo a emprender un viaje tan extenso y agotador. Allí había tenido lugar un descubrimiento que cambió radicalmente la comprensión del universo: Edwin Hubble pudo demostrar la existencia de otras galaxias, distintas de nuestra Vía Láctea. Poco después observó que todas ellas, inexorablemente, se alejan de nosotros. El universo se expande, en perfecto acuerdo con las predicciones que pueden obtenerse a partir de las ecuaciones de Einstein. El ferviente deseo de visitar este observatorio quedó consignado en la entrevista que concedió a un periodista de la revista cubana *Bohemia* que lo acompañó en el viaje desde La Habana: «[...] creo que el poderoso instrumental del Monte Wilson me permitirá obtener pruebas

---

[96] Albert Einstein, *Diarios de Viaje: 30/11/1930 a 15/06/1931*, The Albert Einstein Archives, The Hebrew University of Jerusalem, ref. 29-134.

astrofísicas para confirmar mi Teoría de la Relatividad General más allá de toda duda».[97]

EL RUDO DE CALTECH

Se conserva una fotografía de la visita de Albert Einstein a Caltech en la que se aprecia de inmediato una presencia que jamás podría pasar inadvertida. Un joven aparece en la primera fila con gesto desafiante, remotamente burlón, como si celebrara el haberse podido colar hasta situarse a apenas dos lugares de Millikan, a cuyo lado estaba sentado el ilustre visitante. Se trata de Fritz Zwicky, quien había completado su doctorado en la Escuela Federal Politécnica de Zurich unos años después de que Einstein pasara por allí. Llevaba pocos años en Estados Unidos. Su contratación había sido una iniciativa del propio Millikan, a quien acompañaba una bien ganada fama de cazatalentos, con el propósito de iniciar una nueva línea de investigación en cristalografía, tema de la tesis doctoral que Zwicky desarrollara en Suiza.

Lejos de amilanarse por estar rodeado de grandes figuras de la física y de un par de veinteañeros deslumbrantes y llamados a entrar en los libros de historia —Robert Oppenheimer y Linus Pauling trabajaban a pocos metros de su despacho—, Fritz Zwicky hizo gala de una personalidad avasallante y se ganó rápidamente la fama de personaje excéntrico, ególatra y malhumorado; un tipo imposible de ignorar. En sus cursos sólo aceptaba a los alumnos que él hubiera escogido. Siempre dispuesto a dar pelea con vehemencia, este físico suizo nacido a orillas del Mar Negro, fornido y extrovertido, intimidaba a cualquiera. Se definía a sí mismo como un genio, un «lobo

---

[97] José Altshuler, *Las 30 horas de Einstein en Cuba, Ibíd.*

solitario» que despreciaba abiertamente el trabajo de buena parte de sus pares. Como es de imaginar, no era muy querido por sus colegas. Nadie negaba su desbordante creatividad, pero también tenía reputación de ser descuidado en su trabajo: muchos de sus cacareados anuncios no contaban con el debido sustento.

En 1933, estudiando el cúmulo de galaxias Coma desde el Observatorio Astronómico del Monte Wilson, Zwicky se dio cuenta de una anomalía notable. Estos cúmulos son enjambres de galaxias que se mantienen unidos por la fuerza gravitacional, girando unas en torno a las otras. Cuando estas aglomeraciones son muy pesadas las velocidades de las galaxias deben ser mayores, de modo que la atracción gravitacional no las haga colapsar unas sobre otras. Los astrónomos pueden deducir las masas de estos cúmulos midiendo las velocidades con que se mueven las galaxias individuales y las distancias que las separan. Eso hizo Zwicky, y concluyó que la masa de Coma era muchísimo mayor que la resultante de todas sus estrellas. «Si esto es confirmado tendríamos que llegar a la inaudita conclusión de que hay presente "materia oscura" en mucha mayor densidad que la luminosa»,[98] escribió el rudo de Caltech, sin saber que acababa de bautizar la materia más abundante del universo.

No es de extrañar que este artículo pasara desapercibido para la comunidad científica durante décadas. Las palabras *dunkle materie*, una al lado de la otra, refiriéndose a una suerte de materia fantasmagórica que no interactúa con la luz —por lo tanto, que no está hecha de átomos—, parecía más bien el producto de una mente afiebrada, en los márgenes de lo que podría considerarse un discurso científico aceptable. Era un resultado muy extraño, basado en mediciones sobre pocas

---

[98] Fritz Zwicky, «Die Rotverschiebung von extragalaktischen Nebeln», *Helvetica Physica Acta*, vol. 6, 1933, pp. 110-127.

galaxias y con muchas fuentes de posibles errores. Además, no había nada imaginable que pudiese dar cuenta de semejante cantidad de materia invisible. Como ocurre casi siempre en la historia de la ciencia, otros investigadores estuvieron cerca de llegar a conclusiones similares. El holandés Jan Hendrik Oort, por ejemplo, observó unos meses antes algo similar dentro del grupo de galaxias en el que se encuadra la Vía Láctea —conocido como el Grupo Local—, pero pensó en algún proceso de absorción de la luz que hacía que no nos llegara toda la que era emitida, además de que más tarde se comprendió que había errores sistemáticos en sus datos.

¡VERA! ¡VERA! ¿QUÉ HA SIDO DE TI?

A fines de la década del setenta Roger Waters escribió la canción «Vera» para el álbum *The Wall* de Pink Floyd. En ella recordaba a la hoy centenaria Vera Lynn, quien animaba con sus canciones a las tropas británicas durante la Segunda Guerra. Otra Vera, nacida en la orilla occidental del Atlántico, realizó a principios de esa misma década una serie de observaciones a partir de las cuales la materia oscura se tornaría real e inevitable.

Vera Cooper Rubin estudiaba el movimiento de las estrellas dentro de sus respectivas galaxias. El sistema es análogo al que estudió Zwicky pero a una escala más pequeña. Las estrellas dentro de la galaxia están en movimiento para no colapsar gravitacionalmente. Por lo general conforman un disco plano alrededor de cuyo centro giran. Las más interiores orbitan en torno a menos estrellas, por lo que no necesitan moverse tan rápido, pero a medida que nos alejamos del centro ocurre que la fracción de la galaxia que atrae a cada estrella crece, obligándola a moverse a mayor velocidad para no caer hacia el centro de ella.

Si seguimos alejándonos, sin embargo, la galaxia comienza a diluirse y ya no es mucha la masa que se va agregando. Sucede entonces que la velocidad necesaria para que las estrellas más lejanas orbiten la galaxia debería ser cada vez menor, como ocurre con los planetas en el Sistema Solar. Pero no es eso lo que ocurre. Vera Rubin lo estudió para un conjunto grande de galaxias, incluyendo a la vecina Andrómeda, por lo que la evidencia de sus datos fue rotunda. Sólo podía explicarse que las veloces estrellas no salieran despedidas de sus galaxias como en el lanzamiento de martillo si hubiera mucha más materia de la que se podía ver. Así, la galaxia se diluiría en estrellas pero un halo de materia oscura seguiría presente, envolviendo a la galaxia hasta bastante más allá del brillo de sus estrellas más remotas. Rubin estimó que la cantidad de materia oscura era unas seis veces mayor que la de materia ordinaria.

La naturaleza de la oscuridad

El correr del tiempo ha permitido establecer la realidad de la materia oscura utilizando técnicas muy distintas, reafirmando así su necesaria existencia. La Relatividad General, por ejemplo, predice la deflexión de la luz al pasar cerca de cuerpos masivos. Las grandes concentraciones de masa se comportan como lentes que alteran las imágenes que llegan a nuestros telescopios, permitiéndonos identificarlas. También las de materia oscura que, de este modo, se nos revelan a través de los efectos ópticos que provocan. El fondo cósmico de microondas, la luz más antigua que llega a nuestros telescopios, también presenta signos inequívocos de la materia oscura, sin los cuales no es posible explicar lo que se observa.

No sabemos qué es la materia oscura, pero hay algo que sabemos con certeza: no está hecha de nada conocido. Cualquiera de las partículas elementales del «Modelo Estándar»[99] dejaría múltiples huellas que no han sido observadas. Se trata de materia jamás vista directamente en un laboratorio. La buena noticia es que también sabemos que el Modelo Estándar no es la teoría final, ya que le falta incorporar la fuerza de gravedad. Muchos de los intentos teóricos que han buscado esta inclusión predicen hipotéticas partículas de las que no hay confirmación experimental aún. Alguna (¡o varias!) de ellas podría ser constituyente de la materia oscura.

Hay quienes piensan que quizás el problema no sea la materia, sino la propia teoría de la gravedad. Quizás a escalas tan grandes como las galaxias o sus cúmulos la Relatividad General no funcione y sea necesaria otra teoría que explique las observaciones sin necesidad de incluir ningún tipo de materia nueva. Las propuestas que hasta el momento se han hecho en esta dirección no han sido capaces de dar cuenta de todos los efectos achacados a la materia oscura. A pesar de esto, la propia Vera Rubin se inclinó por esta posibilidad y quizás sea por ello que el premio Nobel que sobradamente mereció le haya resultado esquivo. En 2005 declaró a la revista *New Scientist*: «Si pudiese elegir, me gustaría saber que las leyes de Newton deben ser modificadas para describir las interacciones gravitacionales a distancias grandes. Eso es más atractivo que un universo lleno con una nueva clase de partícula subnuclear».[100] Rubin se refiere aquí a la teoría newtoniana ya que esta supone una excelente aproximación de la Relatividad General para distancias grandes. Es decir, en este contexto, una modificación de la

---

[99] Modelo Estándar es el nombre que se da a la teoría de las partículas elementales y sus interacciones fundamentales. Veremos algunos detalles más en el capítulo «La lencería del cosmos».

[100] Michael Brooks, «Thirteen things that do not make sense», *New Scientist*, núm. 2491, 19 de marzo de 2005.

Relatividad General también implicaría una modificación de las leyes de Newton.

Vera Rubin murió en diciembre de 2016 sin haber recibido el premio Nobel de física. Es difícil comprender las razones de esta grosera omisión por parte de los académicos suecos. Sólo dos mujeres han recibido el galardón tras casi ciento veinte años de historia, Marie Curie y Maria Goeppert-Mayer, una cifra irrisoria frente a la cual es difícil no reconocer la presencia de la ominosa sombra de la discriminación de género. En el caso de Rubin, no obstante, parece bastante claro que sus hallazgos perdurarán como un valioso legado y que integrará el acaso más selecto grupo de aquellos que como Dmitri Mendeléyev, Edwin Hubble, Jorge Luis Borges, Fred Hoyle, Chien-Shiung Wu y Jocelyn Bell Burnell, debiendo haber recibido el premio Nobel no lo hicieron por dudosas razones.

El fantasma de la materia oscura —y sus trillones de trillones de trillones de toneladas invisibles— recorre la física desde que la atenta mirada de Fritz y Vera lo dejaron al descubierto, tornándolo real e inevitable. Sus efectos se hacen notar sólo a grandes escalas, cuando ingentes cantidades de esta extraña sustancia entran en juego y compensan su exánime interacción. Afecta el devenir de estrellas y galaxias, tanto como la evolución cósmica del universo, pero no parece jugar un papel significativo en nuestra vida cotidiana ni en la física subatómica ya que sólo interactúa con nuestros átomos a través de la débil atracción gravitatoria; más allá de la humillación que nos inflige el que ignoremos casi todo sobre ella, a pesar de representar el 85 por ciento del contenido material del cosmos. Cuando creíamos estar cerca del conocimiento completo de los constituyentes de la materia, con la constatación de todos los detalles del llamado Modelo Estándar, cuando nos aprestábamos a celebrar el logro de una gesta intelectual prodigiosa, una enorme grieta se abrió a nuestros pies, más amplia que toda la distancia recorrida en la historia del pensamiento científico.

DINOSAURIOS, *IN MEMORIAM*

¿Puede el halo de materia oscura que rodea a la Vía Láctea haber dejado alguna huella en la historia natural de nuestro planeta? Si la materia oscura sólo interactuara consigo misma a través de la gravedad, su distribución sería prácticamente esférica en torno al mismo centro. El hecho de que la Vía Láctea parezca más un disco que una esfera, se debe a que la materia ordinaria interactúa con la luz, debido a la carga eléctrica de las partículas elementales. Esto le brinda un mecanismo eficiente de pérdida de energía que, en conjunto con el hecho de estar girando, son responsables del aplastamiento. Si una pequeña fracción de la materia oscura interactuara con «luz oscura» —análogamente a lo que ocurre en la materia ordinaria—, podría achatarse para formar un disco más estrecho que el de la propia Vía Láctea, como demostraron JiJi Fan, Andrey Katz, Lisa Randall y Matthew Reece en 2013.[101] Lo anterior podría tener consecuencias muy interesantes.

En el giro del Sol y sus planetas en torno al centro de la Vía Láctea, existe también un movimiento oscilatorio «vertical» en relación al plano galáctico. Lisa Randall y Matthew Reece mostraron[102] que el disco de materia oscura que se concentraría en dicho plano podría ser suficiente para, cada vez que el Sistema Solar lo atraviesa, producir un empuje gravitacional violento que arrastre hacia los planetas interiores un gran número

---

[101] JiJi Fan, Andrey Katz, Lisa Randall, Matthew Reece, «Dark-Disk Universe», *Physical Review Letters*, vol. 110, núm. 211302, 23 de mayo de 2013.
[102] Lisa Randall y Matthew Reece, «Dark Matter as a Trigger for Periodic Comet Impacts», *Physical Review Letters*, vol. 112, núm. 161301, 3 de marzo de 2014.

de cometas nacidos en la nube de Oort.[103] Esto aumentaría la probabilidad de impactos de meteoritos en la Tierra.

Se han caracterizado ciento ochenta y ocho cráteres en nuestro planeta que alcanzan los trescientos kilómetros de diámetro y fueron producidos en los últimos dos mil cuatrocientos millones de años. La datación de los meteoritos que los originaron muestra una periodicidad aproximada de treinta y cinco millones de años. Los registros fósiles muestran la existencia de extinciones masivas ocurridas en períodos de tiempo similares. Si el período de oscilación del Sistema Solar en torno al hipotético disco de materia oscura fuera de treinta y cinco millones de años, ¡podría correlacionarse con los impactos de meteoritos y las extinciones masivas de especies![104]

Como dijimos más atrás, el cráter del meteorito Chicxulub, de ciento cincuenta kilómetros de diámetro, se encuentra frente a las costas de la península de Yucatán. Cayó hace sesenta y cinco millones de años y probablemente produjo la extinción de los dinosaurios en nuestro planeta, dando una ventana de oportunidad a frágiles mamíferos que podrían prosperar sin tan temible depredador en el horizonte. Así, inopinadamente, por insólito que parezca, es posible que la especie humana le deba su existencia a la inestimable ayuda de un invisible disco de materia oscura.

---

[103] La nube de Oort es un enjambre de cuerpos celestes de corteza helada que, se cree, orbitarían alrededor del Sol más allá de la órbita de Neptuno, a una distancia de más de un año luz.
[104] Lisa Randall, *La materia oscura y los dinosaurios*, Acantilado, 2016.

15

Ocaso de una mente brillante

John Forbes Nash y su esposa Alicia viajaban a casa en un taxi que circulaba por la New Jersey Turnpike desde el aeropuerto de Newark. Acababan de regresar de Noruega, en donde Nash había recibido el premio Abel, recientemente instituido para paliar la inexistencia de un premio Nobel de matemática. Hasta ahora se daba ese estatus a la medalla Fields, pero esta se concede sólo a menores de cuarenta años. En la reunión del comité encargado de decidir quiénes habrían de ganarla en 1958 —se suelen conceder entre dos y cuatro medallas y la ceremonia de entrega se realiza cada cuatro años—, Kurt Friedrichs, cofundador del prestigioso Instituto Courant, tenía claro que su candidato era Nash, quien entonces tenía treinta años. Todos acordaron premiar al alemán Klaus Roth y la mayoría de los otros miembros se inclinaron por el francés René Thom. La tradición en aquel entonces era otorgar dos medallas, pero no era una regla escrita.

Friedrichs no tuvo la elocuencia o vehemencia necesarias para oponerse al argumento de que Nash era demasiado joven y ya habría más oportunidades en el futuro para galardonarlo. Según Peter Lax, discípulo de Friedrichs, la fuerte decepción sufrida tuvo una relación directa con el brote de esquizofrenia que pocos meses después llevó a la internación de Nash en un hospital psiquiátrico. Además de convertirse en un prolongado suplicio, la internación lo borró de un plumazo de la consideración de sus pares. Muchos pensaban que había muerto. Pero treinta y seis años más tarde tuvo su revancha. La Academia sueca le otorgó el premio Nobel de economía en 1994. Y unos días antes de su muerte, con ochenta y seis años, se convirtió en el primer científico en sumar a un Nobel el premio Abel.

JUGANDO CON EL ENEMIGO

El premio Nobel de economía lo recibió por dos artículos que son la base de su tesis doctoral de veintisiete páginas, una de las más breves en la historia de Princeton. En estos artículos hizo grandes aportes a la «Teoría de juegos»; esto es, el análisis de la estructura, las estrategias y el desenlace de un sistema en el que dos o más jugadores desean maximizar alguna variable respetando un conjunto de reglas. En el contexto matemático, el juego es un sistema abstracto capaz de modelar desde el ajedrez hasta la competencia entre inversionistas en el mercado de valores. Lo único que se requiere son jugadores, un conjunto de reglas y un objetivo claro que permita identificar a los ganadores.

Nash se concentró en el juego no-cooperativo, en el que los jugadores son egoístas y racionales: sus decisiones están fundadas únicamente en la voluntad de obtener el máximo beneficio basándose en sus posibilidades y las estrategias probables de los otros jugadores. Así, un inversionista toma decisiones de acuerdo a sus activos, a las regulaciones financieras de su país y a la estrategia que usan sus competidores —esta es una idealización matemática que deja afuera la existencia de información privilegiada, operaciones ilegales, colusión, etcétera—. Nash demostró que en estas circunstancias el sistema tiene puntos de equilibrio en los que a ninguno de los competidores les conviene cambiar de estrategia, ya que cualquier cambio aminoraría sus ganancias: «el equilibrio de Nash». Curiosamente, este no es necesariamente el que maximiza la ganancia global de todos los jugadores.

Suponga que la cocina de su casa es un desastre tras una comida con amigos. Usted y su pareja deben tomar la decisión de ir a limpiar o no hacerlo. Imagine que ambos comparten cierta aversión por el desorden, pero les parece aún peor tener que asearla sin la ayuda del otro. Cada uno está en una habitación pensando en si es conveniente ir a ordenar la cocina. ¿Cuál es la mejor estrategia? Si su pareja ya fue a ordenarla usted preferirá no hacerlo ya que la cocina estará limpia y usted puede descansar. Si, en cambio, su pareja no ha ido a la cocina, a usted tampoco le conviene ir porque prefiere descansar a ordenarla en soledad. Su estrategia, por lo tanto, consistirá en no ir a limpiar la cocina. Utilizando la misma lógica, su pareja tampoco lo hará. El desastre en la cocina es, por lo tanto, el equilibrio de Nash de este juego. Cualquiera que decida cambiar la estrategia, tendrá que limpiar solo la cocina, perjudicándose. Evidentemente, este es un caso en el que el amor por su pareja debería permitir una solución cooperativa, la mejor estrategia para la sociedad conyugal. Pero casi nunca hay amor entre los protagonistas de una transacción económica ni en la sociedad. Esto último explica, entre otras cosas, por qué la plaza de la esquina está atiborrada de excrementos caninos, el tráfico de las ciudades colapsa por los coches aparcados en doble fila o las entradas y salidas de aviones, conciertos o eventos suelen ser turbulentas.

EMBEBIENDO EL UNIVERSO

Cuando Nash era estudiante se cruzaba frecuentemente con Einstein en Princeton, pero no se atrevía a importunarlo. Cierta vez fue a verlo a su despacho para hacerle algunos comentarios críticos sobre su Teoría de la Relatividad General. La confianza que tenía John Nash en sí mismo coqueteaba peligrosamente con la arrogancia y se había convencido de haber identificado flaquezas en el formalismo. Einstein estaba reunido con otros alumnos, pero lo dejó hablar durante una hora tras lo cual concluyó la conversación con una amable reprimenda: «Joven, tendría usted que estudiar un poco más de física».[105]

Uno de los resultados más importantes de Nash fue en el área de las matemáticas conocida como «geometría diferencial». En ella reside el lenguaje que Einstein debió utilizar para formular su teoría, en la que, como vimos, la gravedad es consecuencia de la curvatura del espacio y del tiempo. Las trayectorias de los planetas, por extraño que parezca, no son más que los caminos más cortos que estos encuentran en su trayectoria a lo largo del curvado universo de Einstein. Cuando vemos, por ejemplo, la trayectoria de un vuelo entre Buenos Aires y Madrid en el mapa de una revista, nos parecerá extraña, sinuosa. Si la vemos dibujada en un globo terráqueo, en cambio, las cosas resultarán más evidentes. Lo que sucede es que el efecto de aplastar el globo en una hoja de papel distorsiona las trayectorias. Del mismo modo, la órbita de la Tierra alrededor del Sol es la más natural de todas si la vemos desde la perspectiva de un espacio-tiempo curvo en cuatro dimensiones.

En el caso del globo terráqueo podemos tener una idea intuitiva de lo que sucede gracias a que una esfera de dos dimensiones es una geometría que podemos «embeber» en nuestro espacio de tres y ponerlo de adorno entre los libros. Es posible imaginar, sin embargo, a seres bidimensionales que, atrapados en el globo terráqueo, ni siquiera imaginaran la existencia de una tercera dimensión. Para ellos la curvatura del globo existe: sus agrimensores podrían detectarla, pero no tienen cómo

---

[105] Sylvia Nassar, *A Beautiful Mind*, Faber & Faber, 2012.

observarla con la claridad con la que nosotros lo hacemos. Vivimos en un universo curvo de cuatro dimensiones al que, al igual que esos seres, no podemos vislumbrar «desde afuera», con la claridad de quien observa el globo terráqueo que adorna su biblioteca. Pero nuestros matemáticos, John Nash el primero, pueden. Demostró que cualquier espacio-tiempo curvo puede ser embebido en un plano de dimensión mayor. Es así como podríamos pensar ahora en seres imaginarios viviendo en un universo de diez dimensiones que adornaran sus estanterías con la historia completa de nuestro universo.

Dinero ideal y melancolía newtoniana

En los últimos años el interés de Nash se centró en el valor de la moneda y la inflación. Le preocupaba el hecho de que la incapacidad de predecir la evolución del valor de una moneda invalidara el uso de la Teoría de juegos en operaciones de largo y mediano plazo. Operaciones como un préstamo inmobiliario, el fichaje de un deportista o cualquier transacción a futuro se convertirían en juegos de azar. Su preocupación podría caracterizarse como una melancolía newtoniana. Fue sir Isaac quien como responsable de la Casa Real de la Moneda llevó a la libra esterlina a lo que se conoce como patrón oro: el valor del dinero impreso tenía el respaldo de una cantidad correspondiente de oro. Este había sido utilizado para acuñar dinero desde tiempos inmemoriales, pero fue desplazado por la plata en Europa a lo largo del siglo VIII. De allí surgió, de hecho, la libra esterlina, que no era otra cosa que una medida de una aleación de plata denominada «esterlina».

La existencia del patrón oro da estabilidad al valor de la moneda. Tanta estabilidad como la que pueda tener el valor de un metal precioso y escaso. Por eso Nash interpretó como un grave contratiempo para la economía que Nixon decidiera el abandono por parte de Estados Unidos del patrón oro en 1971. Una moneda que no estuviera atada a nada tangible llevaría a lo que Nash consideraba el peor de los males, causante de todos los demás: la inflación. Por eso dedicó sus últimos años a proponer un sistema en el cual el valor de la moneda estuviera dado por un promedio de los costos de una serie de productos de la canasta básica e industriales, un índice al que llamó ICPI (Índice de Precios Industrial y de Consumo), de modo que estos costaran siempre lo mismo. Lo llamó «dinero ideal», casi un oxímoron.

John Nash estaba escribiendo un libro con Michail Rassias, un investigador postdoctoral de la Universidad de Princeton, que iban a titular *Problemas abiertos en matemática*. Acababan de terminar el prefacio justo antes de que los Nash tomaran el vuelo a Oslo para la ceremonia del premio Abel. Escribir un libro de a dos tiene dificultades añadidas; diferencias que hay que saber limar. Pero también tiene momentos en los que el acuerdo es tan absoluto que parece preceder a los propios mecanismos racionales de los autores. En este sentido, quizás el acuerdo más fácil de alcanzar para ellos fue la elección de una frase de Einstein que ambos hallaban extremadamente significativa, pese a que Nash lo hiciera sin dejar de subrayar que no se debía ver a Einstein como un matemático sino como lo que era, un físico: «Aprende del ayer, vive el hoy, espera el mañana. Lo importante es no dejar de hacerse preguntas».[106]

---

[106] Según un artículo publicado por Morgan Kelly, de la oficina de comunicaciones de la Universidad de Princeton, en la página web de esta universidad. No está claro que Einstein haya dicho el texto que se le atribuye, salvo por la última frase que aparece en el artículo «Death of a Genius» publicado en la edición del 2 de mayo de 1955 de la revista *LIFE*.

La mente en la que convivieron la racionalidad y la irracionalidad en sus grados extremos, que fue capaz de domesticar a esta última, en lo que constituye un caso único en la historia de la psiquiatría, esa mente maravillosa, se apagó definitivamente. Su último viaje fue a bordo de un taxi que circulaba detrás de otro coche. Ambos conductores se enfrentaron en un juego que decidieron hacer no-cooperativo al no intercambiar señales entre ellos. Permanecer en la pista derecha o cambiar para pasar al de adelante. Ambos tomaron la peor de las decisiones, víctimas del equilibrio de Nash.

16

Oxímoron cósmico

El 22 de mayo de 1972, Richard Nixon se convertía en el primer presidente de Estados Unidos que visitaba Moscú. Fue una semana de arduas negociaciones con su par soviético, Leonid Brézhnev, con el fin de bajar la temperatura de un conflicto que venía afiebrándose peligrosamente. Se logró llevar algo de calma a una sociedad aterrada ante la posibilidad de que una lluvia de bombas atómicas destruyera el planeta. Así, la Guerra Fría, ese oxímoron que llevaba un cuarto de siglo de gestación, salía inmune.

Ese mismo día, la revista *Il Nuovo Cimento* recibía un breve trabajo de un joven de veinticinco años que estaba a punto de defender su tesis doctoral en la Universidad de Princeton. El manuscrito «Agujeros negros y la segunda ley», firmado por el físico mexicano-israelí Jacob Bekenstein, contenía una propuesta audaz y original: los agujeros negros serían entes termodinámicos, poseedores de entropía y temperatura como una taza de té, algo que se antojaba como una absurda e improbable especulación teórica. La física de la época aseguraba que los objetos más simples y oscuros del universo debían ser también los más fríos. Un agujero negro caliente no parecía ser más que otro oxímoron. Como la Guerra Fría, este tuvo implicancias profundas en la historia de las ideas, que llegan hasta nuestros días.

La taza de té y la flecha del tiempo

La termodinámica estudia sistemas compuestos por una enorme cantidad de constituyentes de los que sólo nos interesan algunas características macroscópicas. En una taza de té, por ejemplo, conviven una cantidad enorme de moléculas cuyas posiciones y velocidades individuales no nos resultan relevantes. Sólo nos interesa un puñado de magnitudes tales como su volumen, presión, temperatura o energía. La termodinámica se hace cargo de estas a través de leyes relativamente simples.

Las nociones básicas de la termodinámica empezaron a desarrollarse a comienzos del siglo XIX a partir de la fenomenología de gases y líquidos, impulsada por la necesidad de hacer más eficientes los motores a vapor que energizaban la revolución industrial. A medida que el siglo avanzaba, fue quedando claro que la termodinámica no constituía una disciplina separada del resto de la física, sino que era la consecuencia directa de la naturaleza atómica y molecular de la materia, tal como discutimos en «Una belleza intangible». Sus principios son el resultado de realizar promedios sobre el enorme número de partículas que alberga el sistema. Esta forma de proceder en sistemas macroscópicos da origen a un nuevo campo de la física, la Mecánica Estadística, que relaciona las propiedades de las partículas individuales del sistema con aquellas que describen al conjunto como un todo, a las que denominamos termodinámicas.

La cantidad más importante en la Mecánica Estadística es la «entropía». Es una medida del número de estados de un sistema que da lugar a los mismos valores de las variables macroscópicas. Son muchas las maneras en que las moléculas pueden distribuirse en un volumen o repartirse la energía, dando lugar a idénticas tazas de té, indistinguibles a nivel macroscópico. La segunda ley de la termodinámica dice que las variables termodinámicas siempre tienden a tomar valores que maximicen ese número de posibles configuraciones. Así, por ejemplo, si echamos leche en la taza de té, los dos líquidos se mezclarán y darán lugar a una solución homogénea. Son muchos más los estados microscópicos que dan lugar a esta mezcla, que aquellos en los que la leche y el té quedan separados. Esto es similar a lo que sucede en un anaquel que tiene diez novelas y dos libros de poesía. De las más de cuatrocientas setenta y nueve millones de configuraciones posibles que existen para ordenar esta docena de libros,[107] aquellas en las que los dos de poesía quedan juntos son una minoría ínfima de apenas veintidós.[108] De igual modo, aquellas configuraciones en que la leche está toda junta, en una gota separada del té son ínfimas. Es muy poco probable, entonces, que la agitación molecular permita que esa configuración perdure.

El desorden es favorecido por la aplastante mayoría de estados que tienen dicho atributo. La segunda ley de la termodinámica nos dice precisamente eso. La Naturaleza evoluciona hacia configuraciones cada vez más desordenadas. La entropía siempre aumenta, dictando de ese modo la dirección de evolución de los sistemas compuestos; aquella a la que llamamos «flecha del tiempo».

Perdiendo información

Cuando describimos un sistema constituido por un número enorme de partículas utilizando las técnicas estadísticas recién descritas, renunciamos al conocimiento absoluto, a la información detallada que este contiene. Perdemos información. No es

---

[107] Podemos elegir cualquiera de los doce para la primera posición, uno de los once restantes para la segunda, alguno de los diez que quedan para la tercera y así sucesivamente; el número total de configuraciones, pues, es el producto de los primeros doce números naturales.

[108] Uno de los libros puede ocupar las posiciones uno a once con el otro a su derecha, o dos a doce con el otro a su izquierda, para un total de veintidós.

que no podamos, en principio, tener toda la información del sistema. Es que el obtenerla es una empresa impracticable y, lo que es peor, irrelevante para la mayoría de las preguntas que podrían interesarnos. La Mecánica Estadística es una renuncia manifiesta al embotamiento por exceso de información, para quedarnos sólo con aquella que es relevante.

Veamos con algo más de precisión qué entendemos por información en física. Para ello consideremos un sistema físico relativamente simple y familiar como el formado por el Sol, la Tierra y la Luna. Supongamos que se nos permitiera alinearlos de modo que un espléndido eclipse de Sol tuviera lugar en el sitio y a la hora a la que usted lee estas líneas. Esta información quedará grabada en la futura evolución del sistema. En cualquier momento del futuro podremos observar su estado y deducir la pretérita existencia de ese eclipse. De hecho, podemos determinar con precisión las fechas y lugares de todos los eclipses, tanto pasados como futuros. La información en este ejemplo, como vemos, no se pierde.

En el caso de un vaso de agua, en cambio, en el que billones de billones de moléculas se mueven, colisionan y rotan sin descanso, conocemos solo algunas cantidades asociadas a promedios. Una cantidad despreciable de información respecto de la que el sistema contiene. Un ejemplo puede ser útil. Tomemos un frasco de tinta y un pincel. Con un trazo rápido escribamos el pin de la tarjeta de crédito sobre la superficie del agua. Los números tendrán una duración efímera. La tinta se difundirá rápidamente por todo el volumen accesible y terminaremos con un vaso de agua coloreada. ¿Se ha perdido inexorablemente la información que hace unos instantes estaba impresa en la superficie? En la práctica sí. La imposibilidad de calcular el estado de cada una de las billones de billones de moléculas con precisión nos obliga a conformarnos con los promedios. La entropía describe precisamente la inevitable pérdida de información, la desaparición del orden, a la que estamos condenados. Una cantidad que siempre aumenta, homogeneizándolo todo, borrando información. Como una gran cuchara que revuelve el universo regalándonos la flecha del tiempo que, inexorablemente, apunta en la dirección de la mayor mezcla.

UNA CUESTIÓN DE PRINCIPIOS

Somos conscientes de que nuestro ejemplo del número en el agua es extremo. Para guardar información preferimos medios más estables. Un papel, la memoria de un computador. Pero sobre estos también opera la entropía. Los papeles y las memorias se degradan, se borran. Nada podemos hacer para salvaguardar del devenir del tiempo la información grabada en cualquier medio material. De hecho, en el aumento inevitable de la entropía radica la propia noción del transcurso del tiempo. Notemos, sin embargo, que a pesar de que en la práctica el aumento de la entropía es un obstáculo para nuestro afán de guardar información, en principio las noticias no son tan pesimistas. Si pudiésemos conocer con precisión el estado de cada molécula del vaso de agua, podríamos utilizar las leyes de la física para determinar su estado pasado y futuro. En particular, recopilando los datos correspondientes a los pigmentos disueltos podríamos recuperar el número que hace segundos habíamos trazado en la superficie. ¿Tranquilizador? Quizás, pero impracticable. La información está allí, solo que es difícil recuperarla.

Podemos también invertir el problema. Queremos ahora destruir el papel que nos envió el banco con el pin de la tarjeta de crédito y para ello usamos una trituradora de papel. Está claro que, a priori, nada impide la reconstrucción del documento original si se dispone de suficiente paciencia. ¿Y si lo quemamos? Las leyes fundamentales de la física nos dicen que, por imposible que parezca, a partir del estado final de las cenizas, del humo y el sonido que acompañó a la combustión, y del efecto sobre cualquier objeto cercano que haya sido afectado por el calor emitido, sería posible determinar la secuencia de cifras que alguna vez estuvieron impresas.

FUNES Y LA FÍSICA CUÁNTICA

El universo microscópico vive en un estado de obstinada e íntima indeterminación. La Naturaleza es intrínsecamente probabilística a escala atómica y subatómica. Ya hemos hablado de ello. Son las leyes de la Mecánica Cuántica. Un electrón no puede determinar simultáneamente cuál es su energía y en qué instante de tiempo está teniendo lugar su existencia. Debemos, sin embargo, distinguir entre las probabilidades que surgen de este devaneo cuántico y aquellas derivadas de nuestra ignorancia como observadores. Si sabemos de un sistema cuántico todo lo que nos permite su intrínseca irresolución, decimos que se encuentra en un «estado puro». En cambio, si nuestra información es parcial e incompleta, como suele ocurrir en sistemas macroscópicos, de muchas partículas, decimos que está en un «estado mezcla».

Las leyes de la Mecánica Cuántica, verificadas por usted mismo cada vez que utiliza un dispositivo electrónico, aseguran de manera categórica y tajante que un estado puro no puede convertirse en un estado mezcla por la mera acción del paso del tiempo. De otro modo, si dicha conversión fuera posible, se perdería información. Como «Funes el memorioso», un sistema cuántico está condenado al recuerdo perfecto. No puede olvidar nada. Absolutamente nada.

Hay algo de paradójico en todo lo anterior. Las leyes más elementales de la física, aquellas que gobiernan el comportamiento de los constituyentes fundamentales de la materia, nos impiden la destrucción irreversible de la información. Vetan la existencia de trituradoras perfectas. Y sin embargo, a nivel macroscópico, lo que resulta imposible es salvaguardar la información de su inevitable deterioro. La termodinámica veta la existencia de memorias perfectas. ¿No es esto contradictorio? Lo que parece dejarnos a salvo de la paradoja, de un Funes que padezca Alzheimer, es que no parece posible que los sistemas físicos sean microscópicos y macroscópicos al mismo tiempo. ¿O es posible?

MEDIO SIGLO DE LETARGO

«Cuando todas las fuentes de energía termonuclear se vean agotadas, una estrella suficientemente pesada colapsará, [...] esta contracción continuará indefinidamente.»[109] Así comenzaba un sorprendente trabajo que publicaron los físicos estadounidenses Robert Oppenheimer y Hartland Snyder en 1939. El estado final de ese colapso, calculado usando las ecuaciones de la Teoría de la Relatividad General, resultaba ser ni más ni menos que aquel del que hablamos en «La solución del teniente» y que unas décadas más tarde fue identificado como un agujero negro. Oppenheimer y Snyder mostraron, incluso, algunos detalles de la formación del «horizonte de eventos», esa extraña superficie de no retorno que tanta perplejidad y dudas había generado en tiempos de Schwarzschild. Avanzaron también en la comprensión de un fenómeno desquiciante: si bien el colapso tenía lugar en un cierto intervalo de tiempo —que ellos calcularon—, mostraron que un observador externo, alejado de la estrella que colapsa, vería el tiempo dilatarse exponencialmente a medida que la estrella se acerca al «radio de Schwarzschild» y

---

[109] Robert Oppenheimer y Hartland Snyder, «On Continued Gravitational Contraction», *Physical Review*, vol. 45, 1939, pp. 455-459.

deja de transcurrir cuando lo alcanza. Tras un *impasse* de cerca de un cuarto de siglo, la solución de Schwarzschild encontraba su lugar en el mundo.

Varios ingredientes se dieron en ese momento que explican cómo este artículo revolucionario pasó prácticamente inadvertido, incluso para el propio Einstein. El trabajo apareció publicado en la revista *Physical Review* el 1 de septiembre, infausta fecha en la que el ejército alemán invadió Polonia iniciando la Segunda Guerra Mundial. Los siguientes años serían convulsos para muchos de los actores centrales de esta historia. Einstein, por otra parte, había enviado a publicar el 10 de mayo de ese mismo año un trabajo[110] en el que aseguraba demostrar que, bajo ciertas hipótesis relativamente generales, era imposible que se formara un horizonte de eventos. Sin duda, lo invadía el arraigado prejuicio de que la solución de Schwarzschild no era físicamente aceptable. Oppenheimer se encontró poco después al frente del Proyecto Manhattan, mientras que Einstein se dedicó de lleno al intento de construcción de una teoría que unificara la gravedad y el electromagnetismo. La Relatividad General, huérfana y postergada por otras áreas de la física que lucían más fértiles, entró en un nuevo letargo de otro cuarto de siglo. Hubo que esperar algo más de dos décadas para que se empezara a comprender que lo que Oppenheimer y Snyder habían demostrado era el proceso físico que está detrás de la génesis de las criaturas más asombrosas del cosmos: los agujeros negros.

La Relatividad General era considerada a mediados de los años cincuenta —al momento de fallecer Einstein— un formalismo teórico muy alejado del carácter experimental que la

---

[110] Albert Einstein, «On a Stationary System with Spherical Symmetry Consisting of many Gravitating Masses», *Annals of Mathematics*, Vol. 40, 1939, pp. 922-936.

física debía tener, atendiendo a su papel dentro de la familia de las ciencias naturales. A tal punto, por ejemplo, que el jefe de editores de la *American Physical Society*, Sam Goudsmit, deslizó la posibilidad de publicar un editorial advirtiendo que las prestigiosas *Physical Review* y *Physical Review Letters* deberían dejar de aceptar trabajos sobre Relatividad General. En la primera de estas publicaciones, casualmente en el mismo número en el que vio la luz el trabajo de Oppenheimer y Snyder, se publicó un artículo titulado «El mecanismo de la fisión nuclear», muy significativo para aquellos días en los que soplaban vientos de guerra que acabarían por convertirse en grandes tormentas. ¿Sus autores? Niels Bohr y un físico estadounidense que acabaría siendo el principal responsable de convencer a Goudsmit de que no llevara a la práctica su amenaza de convertir a la Relatividad General en una paria entre las teorías científicas del siglo xx: John Archibald Wheeler.

La calvicie del lampiño cósmico

Las ecuaciones de la Relatividad General, decíamos, mostraban que el colapso estelar no se detenía hasta que toda la materia de una estrella suficientemente grande terminara comprimida en una región espacial infinitesimalmente pequeña, de densidad infinita. Es lo que en física llamamos «singularidad». Alrededor de esta se forma el horizonte de eventos, la frontera que demarca la región desde la cual ni siquiera la luz puede escapar. De allí el nombre «agujero negro», acuñado por el propio Wheeler durante una charla que dio en el Instituto Goddard de Estudios Espaciales de la NASA, en 1967. Los agujeros negros son una de las predicciones más sorprendentes de la Teoría de la Relatividad General, y a pesar de la resistencia que inicialmente hubo a su aceptación, en nuestros días resultan tan comunes para los astrónomos como cualquier otro cuerpo celeste. De hecho, además de los muchos agujeros negros identificados en nuestro vecindario cósmico, tenemos fuertes indicios de que casi todas las galaxias poseen en su centro un gigantesco agujero negro con una masa que va desde el millón hasta los mil millones de masas solares. Y recientemente, por último, hemos tenido evidencias palmarias de la colisión de pares de ellos, como veremos en «El parto más violento del universo».

Una de las características más notables de los agujeros negros es su simplicidad. No importa la complejidad del violento colapso que les haya dado origen. Una vez estabilizado, el agujero negro puede ser descrito con apenas tres magnitudes: su masa, su carga eléctrica y su estado de rotación —encarnado por una cantidad llamada «momento angular»—. El agujero negro no deja más pistas de cómo se originó. No podremos saber qué cayó en su interior. Si en algún rincón del universo hubiera una estrella hecha de antimateria, por ejemplo, su colapso daría lugar a un agujero negro idéntico al de una estrella de materia de la misma masa, carga eléctrica y momento angular. Salvo por estas tres cantidades —que son las mismas que caracterizan a entes tan básicos del universo material como las partículas elementales—, el agujero negro nos esconde su historia. Esta austeridad espartana, carente de detalles y ornamentos, ausente de atributos, fue bautizada por Jacob Bekenstein y popularizada por el propio Wheeler —su director de tesis— con algo de picaresca: «un agujero negro no tiene pelos».[111]

La calvicie del astro, sin embargo, planteaba un enigma que Wheeler presentó a su estudiante de doctorado Jacob Bekenstein en términos detectivescos: «Cuando pongo mi té caliente en contacto con té frío, ambos alcanzan una temperatura

---

[111] John Wheeler, «Feynman and Jacob Bekenstein», *Web of Stories*, 1996. Disponible en: https://www.webofstories.com/play/john.wheeler/84

intermedia. He cometido un crimen incrementando la entropía del universo. Pero si estoy cerca de un agujero negro, puedo dejar caer el té en su interior y ocultar perfectamente las evidencias del crimen».[112] Si se derramara el té en un agujero negro, razonaba Wheeler, su entropía, reflejo de las billones de moléculas que lo componen, desaparecería tras el velo del horizonte de eventos, quedando el estado final descrito apenas por los tres números que caracterizan al agujero negro resultante. De este modo, la entropía del sistema se habría reducido invalidando la segunda ley de la termodinámica. Si no hay estados microscópicos, no hay entropía. El conflicto desatado por este resultado fue tal que a principios de los setenta muchos pensaban, puestos a elegir entre la termodinámica y los agujeros negros, que estos últimos no podían existir realmente. Pero el acertijo de Wheeler fue como un canto de sirenas para su estudiante, un embriagador desafío en el que se sumergió durante varios meses hasta que el resultado de sus cálculos le permitió bosquejar una respuesta: «No habrá evitado que la entropía aumente, profesor Wheeler, sólo habrá puesto dicho incremento en otro sitio: el agujero negro es en sí mismo entropía».[113]

TEMPERATURA E INFORMACIÓN

Poco antes del trabajo de Bekenstein, el inglés Stephen Hawking había demostrado que el área del horizonte de eventos de un agujero negro aumentaba en cualquier proceso clásico. Su comportamiento era análogo al de la entropía en termodinámica.

---

[112] John Wheeler, «Entropy of a Black Hole: Bekenstein and Hawking», *Web of Stories*, 1996. Disponible en: https://www.webofstories.com/play/john.wheeler/86

[113] John Wheeler, «Entropy of a Black Hole: Bekenstein and Hawking», *Ibíd.*

Este fenómeno es evidente en casos simples como el de un agujero negro esférico —es decir, que no rota—, cuya área crece con la masa —dado que nada escapa del agujero negro, está condenado a engordar—. Hawking demostró este resultado en toda su generalidad. Incluso en procesos más exóticos en los que la masa del agujero negro puede disminuir, el área de su horizonte de eventos siempre aumenta.

Aquello que para Hawking era sólo una analogía, Bekenstein tuvo la audacia de tomárselo en serio: los agujeros negros tendrían entropía, reflexionó, y esta sería proporcional al área de su horizonte de eventos. La segunda ley seguiría gozando de buena salud. De hecho, demostró que en todos los ejemplos que parecían contradecir la segunda ley, la incorporación de la entropía del agujero negro salvaba el cálculo. A Hawking lo irritó esta solución. Le parecía absurda. Si tuviesen entropía, los agujeros negros serían sistemas termodinámicos y, como tales, deberían ser objetos compuestos de constituyentes microscópicos y estar provistos de temperatura. Y los objetos calientes emiten radiación, inexorablemente, cosa que se suponía imposible para un agujero negro.

En su artículo de 1972, Bekenstein había evadido la cuestión de la temperatura. Para él los agujeros negros debían ser fríos y la temperatura que su propia teoría parecía implicar debía ser irrelevante. Un artificio teórico. Enfrentaba la cuestión de la entropía desde la perspectiva de lo que conocemos como «teoría de la información». Una taza de té contiene una gran cantidad de información almacenada en las posiciones y velocidades de cada una de sus moléculas. Aunque sea irrelevante para nosotros, esa información existe. Al arrojar el líquido al agujero negro, se perderá para siempre, quedando sólo las tres magnitudes que lo caracterizan. La entropía de la taza de té no es solo una medida de su desorden. También es la medida de la información que contiene. Las dos cosas parecen incompatibles, ya que el sentido común nos dice que el desorden no debería ser una buena fuente de información. Sin embargo, recuerde que los sistemas con más entropía tienen un mayor número de estados posibles. A medida que tengamos más estados, necesitaremos más información para describirlos. Por ejemplo, las páginas de *don Quijote* contienen abundante información, aunque en su traducción japonesa podamos verlas como un puñado de hojas llenas de manchitas de tinta no muy diferentes de las del libro que está a su lado, en algún estante de la Biblioteca Central Kitakyushu de Kokura. Ambos, como un par de tazas de té, nos resultan indistinguibles. Arrojar una taza de té o un ejemplar de *don Quijote* a un agujero negro constituye una pérdida irreversible de información.

Usted se preguntará en este momento —y está muy bien que así sea— si realmente hay una pérdida de información. Después de todo, no es lo mismo perder una taza de té o un libro que simplemente no tener acceso a ellos. Nuestro té podría gozar de perfecta salud dentro del agujero negro y la información que contiene permanecer incólume, sólo que nosotros no podemos ir a buscarla y volver para contarlo. Viendo las cosas así, la proposición de Bekenstein sería simplemente una curiosidad: los agujeros negros nos indicarían, a través de su área, la entropía que almacenan en sus entrañas. Serían, de este modo, objetos muy sencillos vistos desde afuera, pero su interior no lo sería tanto. De hecho, contienen una singularidad, ese punto central de densidad infinita y volumen nulo, algo que parece físicamente inaceptable y que probablemente requiera, para su descripción detallada, de una versión más general de la gravedad que incorpore los fenómenos cuánticos. No hay consenso entre los físicos sobre la existencia de esa teoría que habría de reconciliar a la Relatividad General con la Mecánica Cuántica, como discutiremos con mayor detalle en «La lencería del cosmos». Así, nuestra ignorancia sobre el interior de los agujeros negros nos da margen suficiente para conjeturar que no hay ninguna pérdida de información. Sin embargo, el problema es más grave de lo que hasta aquí hemos relatado. Fue Stephen Hawking quien hizo la observación crucial que, además de agigantar el misterio de estas fantásticas criaturas, convertiría a la física de los agujeros negros en un tema central de investigación, desde entonces hasta nuestros días.

HAWKING Y LA CRISIS DE INFORMACIÓN

Lo que Hawking reportó en una breve carta publicada en la revista *Nature*, en marzo de 1974, bajo el portentoso título «¿Explosiones de agujeros negros?»,[114] fue que la Mecánica Cuántica implicaba que los agujeros negros no podían ser tan negros. Demostró que estos son, en definitiva, entes calientes y que —por lo tanto— deben emitir radiación, hoy llamada «radiación de Hawking». De este extraño modo los agujeros negros pierden masa. Hawking mostró que mientras se hacen más pequeños, más calientes se tornan, lo que a su vez implica que emiten aún más radiación. Este comportamiento tiene por consecuencia que el agujero negro pierde cada vez más rápido su masa, evaporándose violentamente, explotando.

Podemos entender la plausibilidad de este fenómeno si recordamos que el vacío es efervescente. En «Asperezas y sinuosidades cosmológicas» vimos cómo en tiempos suficientemente pequeños un par de partículas, digamos un electrón y —su antipartícula, de igual masa y carga eléctrica opuesta— un positrón, pueden nacer y morir, sin violar en el proceso la ley de conservación de la energía. Esto ocurre continua y aleatoriamente

---

[114] Stephen Hawking, «Black Hole Explosions?», *Nature*, vol. 248, 1974, pp. 30-31.

en cualquier parte del espacio. La presencia de un agujero negro permite que acontezca un fenómeno singular: si la creación del par tiene lugar en las inmediaciones del horizonte de eventos, podría darse el caso de que una de las partículas cayera hacia el interior del agujero negro, más allá del horizonte, mientras la otra queda afuera, alejándose. Por supuesto que también ocurrirá que aquí y allá —lejos del agujero negro o en su interior— se creen y destruyan pares de partículas, pero estos no son importantes para el fenómeno de la radiación de Hawking. En el caso que nos interesa, el par habrá perdido contacto para siempre, ya que la partícula caída jamás podrá salir. La partícula exterior podrá escapar al campo gravitacional y ser detectada lejos del agujero negro. La conservación de la energía dictamina que en este proceso el agujero negro, contra la intuición, debe perder masa (energía), ya que la materialización de la partícula que se aleja de este no puede ser gratuita. Un observador distante detectará, por lo tanto, un flujo de partículas que parecen provenir del horizonte de eventos del agujero negro. Esta es la radiación de Hawking. El cálculo detallado, que Hawking realizó, mostraba que esta radiación tenía exactamente la forma que uno esperaría de un cuerpo caliente, la radiación del cuerpo negro de la que hablamos en «El átomo de luz».

Un agujero negro con la masa del Sol estaría a seis centésimas de millonésima de grado sobre el cero absoluto, y a mayor masa menor temperatura. Esto hace virtualmente imposible la detección de la radiación térmica de los agujeros negros, teniendo en cuenta que el gélido espacio exterior está millones de veces más caliente. Una estrella pequeña u otro objeto más liviano que el Sol no pueden colapsar para formar agujeros negros. Si los hubiese más livianos, tendrían que haberse formado de manera espontánea en los albores de la historia cósmica, cuando había mucha densidad de energía disponible. Para hacernos una idea, si tomáramos un cuerpo celeste pequeño, como la luna Encélado de Saturno, que tiene un diámetro de unos quinientos kilómetros, y pudiésemos comprimirla a las dimensiones de un virus, habríamos creado un agujero negro que emite radiación a una temperatura cercana a los mil grados Celsius. Nunca se ha visto un objeto como ése. La radiación de Hawking debe existir, pero sólo como un suave fulgor que emerge de grandes agujeros negros en una lenta evaporación que, a menos que mantengan una dieta de materia constante, augura su total desaparición. Un agujero negro de ciento setenta millones de toneladas que se hubiera formado en los instantes iniciales del universo se habría evaporado totalmente en la actualidad. Pero ésa es apenas la masa de una montaña. El cálculo para cualquier agujero negro que se origine por la implosión de una estrella arroja un tiempo de evaporación millones y millones de veces mayor que la edad del universo.

La radiación de Hawking terminó por reconciliar el punto de vista de la información que discutía Bekenstein y el termodinámico que inquietaba especialmente al inglés. Pero el descubrimiento teórico de la evaporación de los agujeros negros agravó drásticamente el problema de la pérdida de información: si un agujero negro se evaporara hasta desaparecer, se llevaría consigo cualquier esperanza de poder recuperar las maravillosas aventuras del hidalgo caballero que habían caído en su interior.

Hawking en su laberinto

En su artículo «Ruptura de la predictibilidad en el colapso gravitacional»,[115] publicado en 1976, Stephen Hawking se dio cuenta

---

[115] Stephen Hawking, «Breakdown of Predictability in Gravitational Collapse», *Physical Review D*, vol. 14, 1976, pp. 2460-2473.

de que los agujeros negros serían capaces de destruir la información más básica que podamos concebir, en contradicción frontal con los principios fundamentales de la Mecánica Cuántica. Podrían proporcionar una forma de eliminar la información para siempre. Tanto que ni siquiera «en principio» pudiésemos recuperarla. La trituradora de documentos perfecta y final.

Si un agujero negro se creara a partir de lo que en Mecánica Cuántica se conoce como un estado puro, las leyes del universo microscópico nos dicen que habrá de permanecer siempre en un estado puro. Sin embargo, la radiación de Hawking es de naturaleza termal. Como la que emite un carbón caliente en la parrilla. Cuando el agujero negro se haya evaporado, nos legará una colección de partículas y luz propias de un objeto caliente, totalmente inespecíficas. La radiación térmica es la huella dactilar de un proceso en el que se ha perdido información. Es el equivalente del agua coloreada. De otro modo, si lanzamos el papel del banco con el pin de la tarjeta de crédito dentro de un agujero negro, no podremos reconstruirlo, ni siquiera «en principio». Esto es, ni con toda la paciencia ni disponiendo de todos los medios para capturar información que poseamos. En palabras del propio Hawking «no sólo Dios juega a los dados, sino que a veces nos confunde tirándolos en lugares en los que no podrán ser vistos jamás».[116]

Si la argumentación fuera correcta, la pérdida de información en los agujeros negros marcaría el crujido de los cimientos que sostienen a la Mecánica Cuántica. Deberíamos interpretar que desde el fondo de sus fauces estos monstruos del cosmos nos dicen con voz ronca que, por sorprendente que parezca, la Mecánica Cuántica es incorrecta. Si, en cambio, la argumentación resultara incorrecta… ¡lo cierto es que nadie sabe muy

---

[116] Stephen Hawking y Roger Penrose, *The Nature of Space and Time*, Princeton University Press, 1996.

bien, tras cuatro décadas, cómo corregirla! Cientos de propuestas, de ideas descabelladas, olvidadas, retomadas, descartadas. La paradoja de la información de Hawking es uno de los grandes misterios de la física contemporánea. Puede ser reformulada de muchas otras maneras —por ejemplo, poniendo el foco en el entrelazamiento cuántico del par de partículas responsable de la radiación de Hawking—, pero todas ellas dejan en evidencia que los agujeros negros son el gran frente de batalla en el que la Mecánica Cuántica y la Relatividad General, los dos grandes pilares que sostienen a la física moderna, dirimen sus conflictos. Más de sesenta años después de la muerte de Einstein, todavía parece faltar mucho para que esté dicha la última palabra. Es posible que no dispongamos aún del lenguaje adecuado para dar cuenta de la anhelada reconciliación entre estos dos marcos teóricos. O que, existiendo este, la palabra postrera y definitiva, esa que nos permita hablar al mismo tiempo de lo inmenso y de lo minúsculo, sencillamente no pueda ser pronunciada.

17

La sonrisa universal

El 29 de mayo de 1919 hubo un eclipse total de Sol. La región del cielo en la que tuvo lugar estaba particularmente poblada de estrellas que podían verse desde nuestro planeta. Era una oportunidad única para verificar si la luz proveniente de ellas se curvaba por acción de la gravedad del Sol o no y, en caso afirmativo, si lo hacía según las prescripciones de la Ley de Gravitación Universal de Isaac Newton o de la Teoría de la Relatividad General de Albert Einstein. La primera predecía un ángulo de desviación de los rayos de luz que era apenas la mitad de la dictada por la segunda.

Los astrónomos británicos Arthur Eddington y Frank Watson Dyson organizaron expediciones a la isla de Príncipe y Brasil, lugares en donde el eclipse sería total, permitiendo ver las estrellas que se encuentran detrás. Los resultados dieron la razón a Einstein, brindando un espaldarazo definitivo a su teoría y transformándolo, de paso, en una de las celebridades más universales e icónicas del planeta. La historia de este eclipse y sus frutos fue además una metáfora imperecedera del triunfo de la razón y el amor por la Naturaleza por encima de los odios bélicos o nacionalistas que primaron durante la Primera Guerra Mundial. Un pequeño cuerpo celeste, la Luna, bloqueando la luz del Sol, mientras un puñado de brillantes científicos, con la capacidad de asombro y la curiosidad infantil intactas, tapaban las bocas de arrogantes líderes y vociferantes masas de toda Europa, armados de las ideas más nobles y notables que la mente humana haya concebido.

Arthur Eddington era entonces director del observatorio de Cambridge. Junto a Einstein fue capaz de rebelarse ante las autoridades políticas que los habían puesto, a su pesar y por accidente —¡nadie elige el lugar de su nacimiento!—, en lados opuestos de un conflicto bélico. A la valentía silenciosa de estos dos hombres debemos que ese eclipse esté en nuestra memoria como la coronación de la Relatividad General. Una valentía a toda prueba, ya que ser pacifistas en tiempos de guerra significaba ganarse el desprecio de todos. Einstein renunció a la ciudadanía alemana en 1896, a los diecisiete años, para evitar el servicio militar. En 1914, al inicio de la guerra, se negó a firmar el «manifiesto de los noventa y tres», documento en que ese número de intelectuales alemanes, entre ellos el físico Max Planck, muy cercano a Einstein, apoyaban las acciones bélicas germanas. Por su parte, en Inglaterra, Eddington se negó a ir al frente de guerra por objeciones de conciencia. La cruenta guerra cortó toda relación entre Alemania e Inglaterra.

Einstein, en aquel entonces, a pesar de contar con un gran prestigio dentro de la comunidad científica, no era la figura pública que llegó a ser gracias, precisamente, al eclipse. Sus escritos no eran aún «patrimonio de la humanidad». Eddington, que conocía y admiraba sus famosos trabajos de 1905, quería acercarse a sus ideas sobre la fuerza gravitacional. Su colega holandés Willem de Sitter fue quien le envió esos artículos. Así, Eddington fue probablemente el primer inglés en comprender esta increíble obra que destronaba a la gravedad newtoniana y con ello, para muchos orgullosos nacionalistas, derrumbaba la supremacía y el honor del antiguo Reino de Inglaterra frente al Imperio Alemán. Estos resquemores no lo afectaban, resultándole más bien irrelevantes. Tenía claro que Einstein era más cercano a él que la mayoría de sus compatriotas. La Teoría de la Relatividad General podía explicar con éxito el extraño comportamiento de la órbita de Mercurio, que se desviaba levemente de lo que predecían las leyes de Newton. Pero Eddington sabía que, como diría Carl Sagan algún tiempo después, «afirmaciones extraordinarias requieren siempre de evidencia extraordinaria»:[117] la Relatividad General era, sin dudas, una afirmación más que extraordinaria. Fue así como planificó con Dyson el experimento que sería capaz de poner a prueba la teoría de Einstein. Y, eventualmente, como ocurrió en efecto, validarla.

LUCES DE BOHEMIA

En el recorrido por las calles de Madrid de su última noche, Max Estrella se dejó acompañar por su amigo don Latino de Hispalis. Recordando la hilera de espejos deformantes que se ofrecen al viandante en el callejón del Gato, y que sus ojos ciegos jamás volverían a disfrutar, el anciano poeta de odas y madrigales emitió su sentencia definitiva: «Los héroes clásicos reflejados en los espejos cóncavos dan el Esperpento. [...] España es una deformación grotesca de la civilización europea»[118]. La belleza, en efecto, puede devenir en esperpento por el mero reflejo en una superficie irregular, pero también el esperpento puede convertirse en belleza de modo parecido. «La deformación deja de serlo cuando está sujeta a una matemática perfecta».[119]

---

[117] Carl Sagan, «Enciclopedia Galáctica», *Cosmos*, episodio 12, 1980.
[118] Ramón del Valle-Inclán, *Luces de bohemia*, Espasa Libros, 2010.
[119] *Ibíd.*

La línea imaginaria que dibuja un haz de luz en su recorrido, sus reflexiones y refracciones, constituye el trazo fundante de la óptica geométrica. Espejos cóncavos que nos devuelven una imagen invertida, lentes convexas que focalizan los rayos como si fuesen cordeles de globos apretados en el puño de un niño, son parte de la rica paleta que a partir de un haz de luz permite elaborar un extenso catálogo de ilusiones ópticas sujetas a una matemática perfecta. La Teoría de la Relatividad General lleva a que ese catálogo se despliegue en el cielo nocturno, superponiendo imágenes separadas por distancias siderales cuyos haces lumínicos dibujan complejas geometrías en el espacio, hasta llegar a nuestros ojos bajo la forma de una composición de puntos y arcos de luz que inducen, al mismo tiempo, al goce estético y al avance científico.

ANILLOS DE EINSTEIN Y OTROS ESPEJISMOS

Cuando un rayo de luz pasa por las cercanías de cualquier cuerpo masivo es desviado por su atracción gravitacional. Si imaginamos un ramillete de rayos que iluminan un objeto, estos serán desviados tendiendo a acercarlos, tal como ocurre con una lente que concentre los rayos de luz —algo claro para cualquiera que en su infancia haya quemado hojas u hormigas con una lupa—. La gravedad producida por un cuerpo compacto tiene un efecto muy similar, dando lugar a lo que conocemos como «lentes gravitacionales». La distinción aparece porque estas, a diferencia de las lentes usuales, afectan menos a la luz que pasa más lejos del centro.

Si la luz de una galaxia muy lejana se encuentra con un objeto masivo en nuestra línea de mirada, el efecto final provocado por la gravedad de este último es que, en lugar de ver un punto de luz proveniente desde la ubicación de la galaxia lejana, veremos un anillo. La razón es simple: el cono de haces de luz que llega al plano de la lente con el ángulo adecuado sufre una deflexión con igual ángulo en todas las direcciones, lo que lo lleva a los ojos del observador en la Tierra, quien verá la imagen que resulta de intersecar un cono y un plano: es decir, una circunferencia. Este «anillo de Einstein» será de mayor radio mientras más masivo sea el objeto que eclipsa a la galaxia observada y sirve de lente. Si este y la fuente de luz no están perfectamente alineados, o si los objetos son asimétricos, entonces veremos imágenes múltiples o trozos de anillos. Así, la configuración precisa de estas imágenes nos cuenta sobre la distribución de masa que está afectando a la luz. No importa si esta viene dada por materia ordinaria o aquella oscura a la que nos referimos en el capítulo «Oscuridad fundamental». De hecho, el efecto de lente gravitacional que produce la materia oscura es nuestra mejor herramienta para estudiarla.

Las observaciones en torno a la interacción entre la luz y la gravedad ganaron exquisita precisión con el correr de las décadas llevando al descubrimiento de fenómenos ópticos que involucran cúmulos de galaxias distantes e incluso la mencionada —y mucho más abundante— materia oscura. La primera vez que se tuvo evidencia del efecto de lentes gravitacionales fue en 1979, cuando un equipo de astrónomos liderados por el británico Dennis Walsh observó una imagen a la que denominaron «quásar gemelo»: dos imágenes idénticas e inusualmente cercanas. Concluyeron que se trataba de un efecto gravitacional. El quásar está a casi ocho mil millones de años luz de distancia, pero su luz es fuertemente afectada por otra galaxia que se encuentra a medio camino, en nuestra línea de visión. Estas imágenes dobles o múltiples son comunes. Un anillo de Einstein completo, en cambio, requiere de un alineamiento extraordinariamente preciso. Una joya difícil de encontrar. En 1987, desde el radiotelescopio Very Large Array, ubicado en Nuevo México, se observó por primera vez un anillo de Einstein, fenómeno astronómico que el propio Albert había descrito en 1936, en un artículo en el que también hizo una predicción fallida: «[...] Por supuesto, no hay esperanza de ver este fenómeno directamente».[120] Creemos que no le habría molestado saber que se equivocaba en este vaticinio.

El gato de Cheshire

Agobiada por la frondosa extravagancia del partido de croquet en el que se había visto envuelta y en el que de tanto en tanto rodaban cabezas siguiendo las órdenes de la Reina de Corazones, Alicia buscaba refugio en algún rostro conocido cuando vio dibujarse una sonrisa en el aire. Sabía que era la mueca habitual del gato de Cheshire y se alegró de tener a alguien con quien poder hablar. La boca del gato fue creciendo y un rato más tarde aparecieron los ojos. «No tiene sentido hablarle hasta que aparezcan las orejas»,[121] pensó Alicia. El rostro del gato de Cheshire se dibujaba en el aire, incorpóreo, en el momento menos esperado.

Cuando la vista se alzó más allá de las alturas que la pequeña Alicia podía atisbar, utilizando por ejemplo el telescopio Hubble, el rostro del gato de Cheshire apareció nuevamente, sonriente y enigmático, como si se tratara de una criatura ubicua, cuyos rasgos son tan universales como para hacerse presente por igual en el universo a gran escala o en la mente de Lewis Carroll. A diferencia del de *Alicia en el país de las maravillas*, el distante grupo de galaxias (y lentes gravitacionales) que conforman al

---

[120] Albert Einstein, «Lens-Like Action of a Star by the Deviation of Light in the Gravitational Field», *Science,* vol. 84, 1936, pp. 506-507.

[121] Lewis Carroll, *Alicia en el país de las maravillas,* Alianza Editorial, 2006.

gato de Cheshire astronómico —ubicado en la Osa Mayor, a unos cuatro mil seiscientos millones de años luz— al que los astrónomos bautizaron con el menos glamoroso nombre SDSS J103842.59+484917.7, si bien no es estático, permanecerá allí por un largo tiempo.

Un estudio detallado de la imagen[122] nos muestra que detrás del apacible rostro del felino se esconde una realidad física maravillosamente violenta. La masa que distorsiona la luz proveniente de las galaxias más distantes está dada por dos galaxias gigantes, una en cada ojo, y una tercera ubicada en la nariz. El conjunto de arcos luminosos que configuran el rostro del gato resultan de la deformación gravitacional de la luz de cuatro galaxias que se encuentran mucho más lejos, detrás de los ojos. Cada uno de estos ojos es el miembro más brillante de su propio grupo de galaxias, y ambos se mueven velozmente, uno contra el otro, a velocidades cercanas al medio millón de kilómetros por hora. Todo esto puede deducirse rigurosamente, desde nuestro insignificante planeta, a partir de la descomposición espectral de la luz —por así decirlo, el estudio del arcoíris que produce— y un cuidadoso análisis de la geometría de los haces de luz.

La imagen en la que el rostro del gato está teñido de púrpura es en realidad la superposición de dos fotos. La segunda de ellas es la que se obtiene con un telescopio de rayos X y se representa esquemáticamente con esa tonalidad —aunque estos rayos, estrictamente, no tengan ningún color—. El hecho de que el enorme volumen de la cabeza del gato sea de color púrpura demuestra la presencia de gas a temperaturas que alcanzan los millones de grados centígrados, evidencia de que los grupos de galaxias están experimentando una colisión

---

[122] Si desea acompañar el relato contemplando la imagen aludida, no dude en visitar la web: http://chandra.harvard.edu/photo/2015/cheshirecat/.

violenta. Una mirada más detenida permite descubrir que el ojo izquierdo contiene una galaxia con un agujero negro súper masivo en el centro, que está tragándose alguna estrella o un conjunto de estrellas.

Eddington y Dyson fueron los precursores de estas técnicas que, apoyadas en las ideas de Einstein y en la fortuita distribución de lentes gravitacionales dadas por la distribución de estrellas, galaxias y cúmulos de galaxias, nos permiten aumentar las imágenes —como lo haría un telescopio— y, en general, verlas mejor. Los astrónomos han ido aguzando el ingenio para optimizar el uso de estas lentes dispuestas caprichosamente en el cosmos, con el fin de poder observar galaxias extremadamente distantes —por lo tanto, antiguas—, que resultarían inescrutables de otro modo. Las sinuosas líneas que trazan los rayos lumínicos en torno a concentraciones de materia en su viaje a través del universo no sólo nos maravillan con bellos dibujos en el cielo; son además una bitácora que contiene valiosa información acumulada en el trayecto. Su lectura cuidadosa nos permite desvelar misterios que el cosmos parecía dispuesto a ocultarnos maliciosamente. Además de constituir un maravilloso espectáculo que podría anunciarse sin rubor alguno como la ilusión óptica más grande del universo, si es que este último no es en sí mismo una mera ilusión.

18

La metamorfosis de la luz

Einstein llegó esa tarde con un pequeño libro en la mano y se dirigió directamente al estudio ubicado en el segundo piso de su casa de la calle Mercer en Princeton. Se sentó en su sillón, acomodó con prolijidad el tabaco en la cámara de su pipa y la encendió. Con un breve suspiro dispuso el libro sobre sus piernas. Se lo había prestado su amigo Thomas Mann esa mañana, recomendándolo con encendido entusiasmo. Era de un autor relativamente desconocido, un checo fallecido hacía más de veinte años. Se llamaba Frank Kafka y según Mann su obra estaba entre lo más importante que había tenido lugar en la literatura del siglo xx. La novela se llamaba *La metamorfosis* y había sido publicada en octubre de 1915 en la revista literaria *Die Weißen Blätter.*

Una sutil sonrisa se dibujó en el rostro de Einstein al reparar en que su gran obra, la Teoría de la Relatividad General, también había visto la luz ese mismo otoño. Lo invadió cierta melancolía ya que, hurgando en su memoria y revisando algunos papeles de su archivo, cayó en la cuenta de que había conocido al autor en 1911, durante el breve periodo que sirvió como profesor en Praga, justo en la época en que Kafka estaba escribiendo el relato. Jamás hubiese sospechado que ese silencioso joven de rasgos angulosos e infantiles que frecuentaba el concurrido salón de Berta Fanta acabaría convirtiéndose en una figura literaria de semejante envergadura. Recordaba su silencio nervioso, sus ojos negros de mirada inquisitiva y punzante, y el humor ácido que mostró en las contadas ocasiones en que lo escuchó emitir alguna palabra. Lamentó que la locuacidad de Max Brod se interpusiera entre ellos y le impidiera conocerlo un poco más. Contempló la portada en la que se mostraba una gran cucaracha negra con rostro humano. Comenzaba a oscurecer, por lo que se acercó a la mesa de luz para encender la lámpara. En ese instante volvió a sonreír. La necesidad de abrir ese manantial de luz artificial le recordó con nitidez su año y medio en Praga.

La luz, en todas sus formas, había sido la protagonista de su ciencia: desde el efecto fotoeléctrico hasta la abolición del éter al dictaminar que la luz viajaba a velocidad constante. Pero fue en Praga en donde la luz tuvo el peso más significativo de su carrera. Allí advirtió cómo era modificada de distintas maneras cuando se acercaba a un campo gravitatorio. Primero, el desplazamiento de las longitudes de onda —o, más coloquialmente, cambio de color—; luego, el desvío de su trayectoria al pasar cerca de un cuerpo masivo, fenómeno que dio el primer y más importante espaldarazo a su teoría en 1919. En ese período, además, fue cuando perdió la esperanza de entender la naturaleza del fotón: «Ya no me pregunto si esos cuantos realmente existen. Tampoco intento construirlos, ya que ahora sé que mi cerebro es incapaz de desentrañar el problema de este modo»,[123] le escribía a su amigo Michele Besso en mayo de 1911. Unos años más tarde, en 1916, volvería a ellos con mucho más éxito, sin jamás imaginar que una

---

[123] Albert Einstein, carta a Michele Besso, en *The Collected Papers of Albert Einstein, Vol. 5. The Swiss Years: Correspondence, 1902-1914*, Princeton University Press, 1995.

de las más sorprendentes fuentes de luz artificial, el láser, se basaría en esos trabajos. La luz había transformado la obra de Einstein y nuestra concepción de la luz se transformó radical y definitivamente en sus manos.

Tanteó el interruptor alargando sus dedos, mientras seguía observando la inquietante imagen de la cucaracha antropomorfa que ya se desvanecía en las tinieblas.

ELECTRONES EN MOVIMIENTO

En el instante preciso en el que acciona el interruptor, Einstein baja el puente levadizo que permite el paso a una horda de alocados electrones. Esas ínfimas y ubicuas partículas negativamente cargadas viajarán a lo largo del cable de cobre. Son tantas que en una breve peregrinación de dos centésimas de segundo decenas de miles de billones cruzarán cualquier sección del cable. Sin embargo, su avance es tan lento que, en promedio, no avanzarán más que la longitud de un virus, hasta que el sentido de la estampida se invierta. La corriente alterna que alimenta nuestros hogares cambia de dirección cincuenta veces por segundo —en Estados Unidos son sesenta—, empujando a los electrones en un sentido y luego en el otro.

A pesar de que la velocidad de la horda es tremendamente pequeña, la de cada electrón en cada instante es enorme. Se mueven dentro del metal, incluso antes de accionar el interruptor, a vertiginosos mil seiscientos kilómetros por segundo. Pero dando tumbos, erráticos, en un zigzagueante devenir provocado por los numerosos obstáculos que el material les impone. Al bajar el puente y cerrar el circuito, el empuje de nuestro sistema eléctrico les confiere un movimiento colectivo más organizado que, aunque lento y oscilante, les permite hacer cosas de provecho. Para Einstein, por ejemplo, quien acercó el libro a la bombilla incandescente de la lámpara sobre la mesa de luz.

Dentro de su envoltorio de vidrio, un delgadísimo filamento de tungsteno permite el paso de la corriente eléctrica con dificultad. La interacción de los electrones con los átomos que componen el filamento es muy intensa, de modo que su energía cinética es transferida al material, zarandeando sus átomos y haciéndolos vibrar; es decir, calentándolo. La temperatura llegará a unos tres mil grados, suficiente para fundir casi todos los metales puros. El tungsteno o wolframio es el metal que puede permanecer en estado sólido a mayor temperatura, por encima de los tres mil cuatrocientos grados. La vibración de las partículas que componen el filamento caliente hace que este emita fotones. Luz que se genera según los principios del ya discutido fenómeno de radiación del cuerpo negro, una porción suficiente de ella en el espectro visible. Es así como Einstein podía leer, toda vez que los fotones incidían en las páginas del libro y eran reflejados para alojarse en su retina.

ENCENDIENDO LA BOMBILLA

La bombilla es un invento excepcional. Nos provee nada más ni nada menos que de luz artificial. Luz creada por humanos para iluminarnos cuando la Naturaleza no puede hacerlo. Una fuente sintética, barata y generosa de uno de nuestros bienes más entrañables. Quizás por eso sea este un invento icónico, que no solo cambió la vida de los habitantes de la Tierra de forma radical, sino que además se transformó en la expresión gráfica de toda buena idea. Fueron Joseph Swan en Inglaterra y Thomas Edison en Estados Unidos, de manera independiente, quienes desarrollaron las primeras bombillas incandescentes aptas para su comercialización durante el último cuarto del siglo XIX. Antes de estas existieron modelos demasiado frágiles o caros que dificultaban, cuando no impedían, su uso fuera del laboratorio. En las décadas que siguieron a la patente de Edison se consiguieron importantes mejoras. Una de las más sustanciales fue desarrollada hace poco más de un siglo por el neoyorquino Irving Langmuir, quien patentó su invención, muy similar a las que conocemos hoy, el 18 de abril de 1916.

Langmuir era ante todo un científico. Obtuvo el premio Nobel de química en 1932 por sus estudios sobre la química de superficies; más precisamente, la ciencia de las láminas de gas que se adhieren sobre superficies sólidas en capas de una molécula de ancho, fenómeno al que llamó «adsorción». Fue uno de los primeros en trabajar con gases cargados eléctricamente a los que denominó «plasmas». Su experiencia en la interacción de gases y sólidos a altas temperaturas usando lámparas incandescentes, que él mismo mejoraba para sus experimentos, llamó la atención de General Electric, la compañía fundada por Thomas Edison. Fue así como en 1909 lo reclutó la unidad de investigación de la empresa, en donde se le dio libertad y fondos para hacer investigación básica.

Hizo dos desarrollos fundamentales para las ampolletas que se plasmaron en su patente. Primero, se dio cuenta de que si el bulbo se llenaba con un gas inerte como el nitrógeno o el argón —en lugar de vacío, que era lo que se usaba en la época—, se retardaba la evaporación del filamento de tungsteno, evitando su degradación y el ennegrecimiento del bulbo, aumentando así su vida útil. Además, comprobó que la eficiencia del filamento también aumentaba y la evaporación disminuía si se lo enroscaba en espiral, tal como lo conocemos hoy. En el discurso que brindó en el banquete que siguió a la ceremonia del premio Nobel dijo: «la historia prueba de manera abundante que la ciencia pura, ejecutada sin considerar las aplicaciones hacia necesidades humanas, acaba usualmente resultando de beneficio para la humanidad».[124]

LA OBSOLESCENCIA DE LA LUZ

Einstein interrumpió su lectura un instante y levantó la vista hacia la suave ampolleta de cuarenta vatios. Pensó en la enorme cantidad de fotones que de allí emergían, pasando totalmente desapercibidos a sus ojos. Es la razón por la cual los gobiernos comenzaron a prohibir este tipo de ampolletas comenzando el siglo XXI; su ineficiencia energética. Apenas un 5 por ciento de la luz que emiten estos dispositivos lo hace en el espectro visible. El resto se pierde en frecuencias infrarrojas que sólo percibimos como calor. Es por ello que la industria de la luz artificial nunca ha frenado su carrera en la búsqueda de nuevas fuentes lumínicas. El tubo fluorescente, por ejemplo, que se popularizó en los años treinta, es mucho más eficiente pero tiene la desventaja de producir una luz de tonalidad artificial. A diferencia de las incandescentes, que imitan bastante bien el espectro de la luz solar por utilizar el mismo principio de emisión, la radiación del cuerpo negro, los fluorescentes no lo pueden reproducir, entregando sólo algunos colores y una luminosidad fría y extraña.

Einstein pensó un instante en su colega estadounidense Arthur Compton, quien había ganado el premio Nobel de física en 1927 por el descubrimiento que terminó por desestimar cualquier intento de negar la existencia de los fotones. Compton hacía incidir rayos X sobre metales, midiendo las propiedades de los electrones que eran liberados. La única

---

[124] Irving Langmuir, en Carl Santesson (ed.), *Les Prix Nobel en 1932*, The Nobel Foundation, Stockholm, 1933.

explicación que daba cuenta de lo observado era pensar la luz como un haz de partículas que colisionaban cada una con un electrón, perdiendo energía en el proceso, cosa que se revelaba en el cambio en su longitud de onda. Ese experimento de 1922 fue crucial en la comprensión de las propiedades ondulatorias y corpusculares de la luz. Compton también había sido parte activa en la carrera por alcanzar la luz artificial. En su juventud había trabajado en el desarrollo de la lámpara de vapor de sodio, esa amarilla que suele iluminar las calles y carreteras. Mucho más tarde, como consultor de General Electric, firma en la que aún trabajaba Langmuir, hizo un reporte sobre las posibilidades de las lámparas de descarga. Fue el comienzo de la investigación que llevó a la compañía a crear el tubo fluorescente. Einstein volvió la mirada a su entrañable bombilla, observando el juego de luces y sombras que provocaban las volutas de humo de su pipa. Envuelto en la calidez de su estudio, comprendió con claridad que para él las lámparas fluorescentes eran sencillamente inaceptables. El ahorro de energía que entregaban, sin embargo, era la razón por la que las empresas las preferían.

La industria de la luz artificial sigue su curso aún en nuestros días. El tubo fluorescente, como hoy se evidencia, ya está quedando obsoleto, siendo reemplazado por bombillas LED —acrónimo inglés para «diodo emisor de luz»—. Estas se han popularizado mucho debido a su gran eficiencia energética, su durabilidad y la posibilidad de fabricarlas imitando bastante bien la tonalidad de la luz incandescente. Shuji Nakamura es el nombre del ingeniero japonés que ganó el premio Nobel de física en 2014 por desarrollar el LED azul, la pieza que faltaba para el advenimiento de la luz artificial basada en la tecnología LED. Tal como Langmuir, la concibió mientras trabajaba en una compañía, la corporación Nichia, con base en Japón.

EL LÁSER

Einstein dejó el libro a un costado, contrariado por la historia de ese hombre que un día se despertó transformado en insecto. La oscuridad claustrofóbica del relato le resultaba nauseabunda. Los años en Praga reaparecieron en su mente mientras el calor de la lámpara, próxima a su rostro, entibiaba sus mejillas: los fotones infrarrojos que sus ojos no veían eran percibidos por la piel como una suave caricia. En los diecisiete meses que estuvo en Praga había pensado mucho en fotones, sin éxito. Habían sido meses duros en los que tuvo que dictar muchas clases, la burocracia lo abrumaba y su esposa Mileva solo quería largarse de allí. El 27 de abril de 1911, en una carta a Marcel Grossmann le contaba: «Por ahora apenas conozco a mis colegas. La administración es muy burocrática. El papeleo es interminable, aun por la más insignificante inmundicia».[125] Su sensación de impotencia no distaba mucho de la de Gregorio Samsa.

A pesar de ello, fueron meses de gran productividad científica. Publicó once artículos, varios de los cuales sentaron las bases de lo que sería su Teoría de la Relatividad General. Apenas completada su obra cumbre, ya en Berlín, el extraño comportamiento de la luz volvió a ser una prioridad. En 1916 y 1917 publicó tres artículos que, además de reafirmar su —a veces vacilante— convicción de que los fotones eran entes reales, se transformaron en la piedra inaugural de un desarrollo que invade todos los rincones de nuestra vida moderna. Podemos encontrar el láser —acrónimo inglés para «amplificación de luz por emisión estimulada de radiación»— dentro de un reproductor de DVD, de una impresora, en los pabellones

---

[125] Albert Einstein, carta a Marcel Grossmann, en: *The Collected Papers of Albert Einstein, vol. 5. The Swiss Years: Correspondence, 1902-1914*, Princeton University Press, 1995.

quirúrgicos —como bisturíes de precisión o como cinceles para modelar la córnea de un miope—, en salones de depilación, en recitales de rock, en la caja del supermercado para leer códigos de barras, en el armamento de aviones de guerra, en sistemas de comunicaciones, en la impresión de chips. La lista es interminable.

Fue el lunes 16 de mayo de 1960 cuando Theodore Maiman construyó el primer láser en los Hughes Research Laboratories, en Malibú, California. El corazón del dispositivo es un cristal de rubí en forma de cilindro. Los extremos están cubiertos con capas de plata, a modo de espejos, uno de ellos suficientemente delgado como para permitir el paso parcial de la luz. El rubí está rodeado por una lámpara de alta intensidad. Al encenderla, la luz excita algunos de los átomos del rubí a estados de energía más elevados que luego decaen espontáneamente, emitiendo fotones del color rojo característico de la piedra preciosa. Al rebotar en los espejos de los extremos, los fotones vuelven al cristal, estimulando más y más emisiones, en una reacción en cadena que rápidamente amplifica la intensidad de la luz. Parte de esta puede salir por el extremo que está cubierto por la capa semitransparente de plata. La lámpara se encarga de volver a excitar los átomos que ya decayeron. Fue Einstein quien describió por primera vez la emisión espontánea y estimulada de luz.

Una carabela con viento de luz

La luz del láser se caracteriza por su color muy puro —monocromático— y por tener una dirección bien definida, lo que permite crear haces muy delgados y de alta potencia. Una aplicación épica de esta tecnología es la que pretende llevar a cabo el programa Breakthrough Starshot, que fabricará una minúscula nave espacial, del tamaño de una boca abierta, que alcanzará velocidades de sesenta mil kilómetros por segundo. ¿El combustible? ¡Ninguno! La nave será impulsada desde la Tierra con... ¡luz artificial! Un conjunto enorme de láseres apuntarán simultáneamente a una membrana muy fina y resistente, de algunos metros cuadrados y un peso de pocos gramos, que hará las veces de velamen de esta embarcación. Y es que la luz, además de iluminar y calentar, también ejerce presión sobre la superficie en la que impacta. Es una presión pequeña, pero puede ejercer una gran fuerza si la superficie de incidencia es grande. De hecho, Johannes Kepler ya describió esta posibilidad en 1619 al observar que la cola de los cometas siempre apunta en la dirección contraria al Sol, por causa de su luminoso y mudo soplido.

Los fotones interactúan con cualquier partícula que tenga carga eléctrica. Eso se traduce en los fenómenos de absorción, emisión y reflexión de la luz. El vociferante diálogo de billones de fotones con los electrones y protones de los átomos tiene un saldo neto que no es otro que la presión lumínica. ¿Cómo podrá usarse algo tan tenue para impulsar la minicarabela espacial? Sumando la radiación de miles de láseres que entregarán una potencia de sesenta mil millones de vatios en un período corto de tiempo, suficiente para poner en órbita al mismísimo Space Shuttle. Por supuesto que por ahora se trata sólo de un proyecto, pero la magnitud del desafío y la grandiosidad de la empresa muestran la infinita curiosidad humana por lo desconocido, así como la capital importancia que ha tenido cada uno de los desarrollos que permitieron una mejor comprensión y generación de luz artificial.

Stephen Hawking, uno de los impulsores más entusiastas del proyecto, dijo en su presentación en Nueva York: «¿En dónde radica aquello que nos hace únicos a los humanos? Algunos dicen que en el lenguaje, las herramientas o el razonamiento lógico. Se ve que no han conocido a muchos humanos. Yo creo que lo que nos hace únicos es trascender nuestras limitaciones. La gravedad nos clava al suelo y sin embargo yo acabo de volar desde Inglaterra. Yo perdí mi voz, pero todavía puedo hablarles gracias a mi sintetizador. ¿Cómo trascendemos los límites? Con nuestras mentes y nuestras máquinas. El límite al que nos enfrentamos ahora es el gran vacío que hay entre nosotros y las estrellas. Con haces y veleros de luz, las embarcaciones más ligeras que hayamos construido jamás, podremos lanzar una misión a Alfa Centauri dentro de una generación. Porque somos humanos y nuestra naturaleza es volar».[126]

Cuando decidió que ya había tenido una dosis suficiente de agobio existencial con las páginas de Kafka, Albert Einstein echó un nuevo vistazo a la bombilla que iluminó su recién acabada lectura. Jamás habría podido imaginar la influencia enorme, tanto intelectual como tecnológica, que su obra tendría sobre nosotros. Estaba cansado. El libro lo había dejado en un estado de perturbadora inquietud. Sabía que le costaría conciliar el sueño. Tomó una tarjeta de presentación que tenía sobre la mesa de luz y con cuidada caligrafía escribió: «Querido Thomas, no pude leerlo. La mente humana no es tan complicada».[127] Buscó un clip y fijó la tarjeta a la portada, tapando el rostro humano de la cucaracha. Resolvió devolver el libro en cuanto se presentase la ocasión. Tomó nuevamente el interruptor y lo accionó, abriendo el puente que permitía el paso de electrones por el cable. La luz se apagó. Las estrellas se podían ver claras a través de su ventana. Faltaban más de veinte años para que el láser apareciera por primera vez y más de cincuenta

---

[126] Stephen Hawking, en la presentación pública realizada en Nueva York del proyecto Breakthrough Starshot, celebrada el día en que se cumplían cincuenta y cinco años de la puesta en órbita de Yuri Gagarin, 12 de abril de 2016.
[127] Ángel Flores (ed.), *The Kafka Problem*, New Directions, 1946.

para que los satélites del sistema GPS comenzaran a girar alrededor de nuestro planeta. ¿Cuántos para que el hombre alcance las estrellas? Cerró la cortina y, unos segundos más tarde, sus párpados. Quería descansar.

19

El espejo en la Luna

A lo largo de los siglos, millones de peregrinos que visitaron la catedral de Santiago de Compostela han apoyado su mano derecha sobre la columna central del bellísimo Pórtico de la Gloria. El gesto repetido tantas veces fue mellando la piedra hasta generar una hendidura anatómica, el negativo de una mano, que ha guiado a su vez a otras manos. Sin embargo, cada peregrino, desde el primero hasta el último, se habrá ido con la sensación de que no fue él quien erosionó la piedra. Habrá apoyado con delicadeza la palma de su mano en el molde pétreo, retirándose convencido de no haber modificado la columna. Pero no es así. La hendidura va cambiando, evoluciona con exasperante lentitud. La única forma de notarlo es observarla en períodos de tiempo muy largos. Aquello que parece estático puede estar moviéndose lentamente y la constancia de lo inmóvil puede resultar una ilusión pasajera.

UNA LUNA DE MIEL PARTICULAR

En la mañana del sábado 2 de enero de 1937, Paul Dirac se casó con Margit Wigner, a quien todos llamaban Manci. Al taciturno genio inglés, quien se sentía muy a gusto con la compañía de esta mujer de mucho carácter, lo agobiaban las dudas, «me hacen sentir indefenso los problemas que no pueden ser resueltos por un razonamiento bien definido como el que tenemos en la ciencia».[128] Pero la sugerencia de una amiga en común de que no debía casarse ya que no creía en Dios le impulsó a hacerlo. Manci accedió al pedido de mano, quizás conmovida por las evidentes dificultades para realizarlo de su futuro esposo, aunque le hizo saber a su flamante suegra que «no puedo permitir que Dirac venga a mi dormitorio».[129]

Se fueron de luna de miel a la costa de Bristol, donde Dirac se divirtió sacando fotos de ambos recostados en la arena con una suerte de *selfie-stick* improvisado con una larga cuerda. En todas las fotos se lo ve con lapiceras en sus bolsillos, prueba de que aprovechaba cualquier instante para volcar sus ideas en un papel. El clima gélido y, presumiblemente, algún otro entretenimiento los mantenían puertas adentro. En un momento en el que Dirac se puso a contemplar el mar, quizás deseando que el tiempo se detuviera, tuvo una idea extraordinaria.

El átomo de hidrógeno, pensó, ladrillo fundamental del universo material, no es más que un electrón orbitando a un protón. Ambos tienen carga eléctrica y masa. La atracción eléctrica, sin embargo, es inconmensurablemente mayor que la gravitatoria. Más concretamente, ¡mil trillones de trillones de veces más intensa! Un uno con treinta y nueve ceros. Algo más que el número total de átomos que albergaron todos los seres humanos que han nacido hasta la fecha. ¿Cómo podía explicarse semejante diferencia de intensidad entre las dos únicas interacciones fundamentales que modelan el universo más allá

---

[128] Carta de Dirac a Isabel Whitehead, 6 de diciembre de 1936, en: Graham Farmelo, *The Strangest Man. The Hidden Life of Paul Dirac, Mystic of the Atom*, Basic Books, 2009.

[129] Carta de Dirac a Manci, 29 de enero de 1937, en: Graham Farmelo, *Ibíd.*

de la escala atómica? ¿Cómo pudo formarse un universo con tamaña desproporción?

Dirac pensó en la edad del universo, pero no utilizó para ello medidas del tiempo propiamente humanas: la hora o el año tienen que ver con fenómenos astronómicos que se experimentan en la Tierra. Le pareció más oportuno utilizar una medida de tiempo que también involucrara al átomo de hidrógeno: el lapso que le lleva a la luz atravesar su modesta extensión espacial. Y resulta que la edad del universo en estas unidades atómicas es aproximadamente de ¡mil trillones de trillones!

El razonamiento de Dirac, todo lo simple, impecable y elegante que puede resultar una idea nacida al calor de una luna de miel, fue el siguiente: no es razonable que la similitud entre números tan escandalosamente enormes sea casual. Si la interacción gravitatoria es mil trillones de trillones de veces más débil que la eléctrica y la edad del universo es mil trillones de trillones de veces la unidad de tiempo atómico, debe ser porque la intensidad de la gravedad fue similar a la eléctrica en el origen de los tiempos y se ha ido reduciendo paulatinamente desde entonces. Así, la horrorosa desproporción entre ambas que hoy experimentamos sería tan solo un signo de la vejez del universo.

Tan pronto regresó de la luna de miel, escribió un breve artículo que envió a la revista *Nature*,[130] el 5 de febrero.

EL POEMA SIN VERSOS

Cuando Niels Bohr leyó el artículo de Dirac, dos semanas más tarde, fue directo a la oficina de George Gamow, en Copenhague, y blandiendo la revista en sus manos sólo atinó a decir

---

[130] Paul Dirac, «The Cosmological Constants», *Nature*, vol. 139, 1937, p. 323.

«¡Mira lo que le pasa a la gente cuando se casa!».[131] A pesar de que la idea era sugerente y tenía los atributos de originalidad y genio esperables en Dirac, el hecho de que el escueto texto no contuviera ni una sola ecuación llamaba mucho la atención. En definitiva, las ecuaciones constituían el lenguaje con el que Dirac era capaz de escribir poesía y física al mismo tiempo, como ningún otro. El hecho de que afirmara que los grandes números no resultan de ecuaciones sino que son el corolario del paso del tiempo, señales de un universo desvencijado, era una renuncia particularmente dolorosa. Como si el viejo Beethoven decidiera componer una sonata sin notas, juzgando que el resultado ha de ser el mismo ya que él no puede escucharlas.

La reacción de la comunidad académica, que celebraba la aparición de cada artículo de Dirac con júbilo, fue de mutismo casi absoluto. Nadie se atrevía a opinar sobre el asunto. Sólo Subrahmanyan Chandrasekhar, quien más tarde recibiría el premio Nobel de física, le envió una carta manifestando su entusiasmo con la «Hipótesis de los Grandes Números», el nombre que le dio Dirac a su razonamiento numerológico.

El silencio de Einstein, en todo caso, no habría de sorprender a nadie. Quizás porque la eclosión del genio de Paul Dirac y su concepción estética de la física teórica vino de la mano de la Mecánica Cuántica, justo cuando Einstein había decidido darle la espalda, tal vez por alguna razón de índole más personal, lo cierto es que no parece que este tuviera especial predilección por los trabajos de quien a la luz del presente podría pasar por su heredero. Jamás respaldó su candidatura, por ejemplo, para el Nobel de Física. En alguna ocasión llegó a referirse a él con irritación: «[su] equilibrismo en el zigzagueante camino entre el genio y la

---

[131] Helge Kragh, *Dirac. A Scientific Biography.* Cambridge University Press, 1990.

locura es detestable».[132] Aunque también supo apreciar a quien «en mi opinión, le debemos la presentación más perfectamente lógica de la Mecánica Cuántica».[133]

Tanto Einstein como Dirac practicaron la física teórica imbuidos de una profunda concepción estética. Un pequeño matiz, sin embargo, representa una enorme diferencia entre ellos, sobre todo desde la óptica del primero. La sensibilidad estética de Paul Dirac echó raíces en la matemática con la que se expresan las leyes de la Naturaleza. De algún modo, quizás implícito, el inglés hallaba más verdadera —y, por lo tanto, hermosa— a la partitura que a su ejecución instrumental. Como si desconfiara de la capacidad del universo de estar a la altura de la belleza de sus leyes. La expresión matemática de las ecuaciones fundamentales de la física debía ser reflejo de la grandeza superlativa del cosmos al que describe con precisión. Si el universo es bello, es porque lo son los cimientos matemáticos que sostienen su estructura. Y si no lo es, se debe a que es un mediocre instrumentista incapaz de sacarle el jugo a la mejor de las partituras. Es difícil resistirse a la comparación con Johann Sebastian Bach, cuya fascinación por el lenguaje musical lo llevó a escribir partituras que parecen pensadas para un «intérprete ideal», con pulmones que no necesiten respirar o cerebros capaces de coordinar de cuatro a seis voces tocadas con apenas dos manos ¡y a veces con los pies!

El gusto estético de Einstein, en cambio, residía más en el plano conceptual. Quizás el universo no tenía una partitura excelsa, y se parecía más a un experimentado y talentoso músico de jazz que puede elaborar una obra maestra improvisando sobre una estructura sencilla. También es posible acudir a la

---

[132] Albert Einstein, carta a Paul Ehrenfest del 23 de agosto de 1926, en: Abraham Pais, *Subtle is the Lord: The Science and Life of Albert Einstein*, Oxford University Press, 1982.

[133] Albert Einstein, carta a Paul Ehrenfest del 28 de agosto de 1926, en: Abraham Pais, *Ibíd.*

analogía con un compositor clásico, el otro gigante de la primera mitad del siglo XVIII, nacido apenas un mes antes que Bach, Georg Friedrich Händel, una especie de prestidigitador que convertía en oro todo aquello que tocaba. Sus composiciones pueden ser más simples o más complejas, pero siempre suenan majestuosas y perfectas, aunque parezcan ser producto de una inspiración casual.

Volviendo a la Hipótesis de los Grandes Números, por cierto, es posible obtener uno aún mayor dividiendo la masa del universo por la de un protón. De ese cálculo resulta que hay en el universo un trillón de quintillones de quintillones de protones. ¡Un uno con setenta y ocho ceros! El monstruoso número anterior elevado al cuadrado. La fidelidad con su propia hipótesis obligaba a Dirac a concluir que la materia se debía crear continuamente y cada vez a un ritmo mayor: tal como la intensidad de la fuerza gravitacional se debilitaría en proporción a la edad del universo, la cantidad de materia crecería proporcional al cuadrado del tiempo transcurrido desde su inicio. Especuló con la posibilidad de que se creara en todo el espacio o en aquellos lugares donde ya hay materia, inclinándose por esta última. Si la debilidad de la gravitación es el reflejo de la ancianidad del universo, entonces debería seguir siendo cada día más débil. Pero si la cantidad de protones aumenta cada día, a un ritmo mayor, entonces la atracción gravitatoria de los astros sería cada vez más intensa. Así, la Luna iría cayendo lentamente hacia la Tierra siguiendo una trayectoria en espiral. No sería el cielo, ¡por Tutatis!, pero la Luna acabaría cayendo sobre nuestras cabezas.

EL ESPEJO EN LA LUNA

La sensación de extrañeza persistía a pesar de las veinte horas transcurridas desde que, tras un riesgoso alunizaje en el que había demostrado su enorme pericia como piloto, Neil Armstrong dio su pequeño paso que fue un gran salto para la humanidad. La autonomía de la que disponían no les permitía permanecer mucho más allí, por lo que hizo una seña a Buzz Aldrin para levantar el retrorreflector láser que debían acomodar sobre la superficie lunar. Se trataba de un arreglo rectangular de retrorreflectores de esquina cuyos espejos, como los ojos de un gato, reflejan la luz en la misma dirección en la que esta incide. Ya habían colocado un sismógrafo y explorado algunas decenas de metros de la «espléndida desolación» de tinte azul a la que se había bautizado como Mar de la Tranquilidad, a mediados del siglo XVII.

Desde la Tierra se iluminarían estos retrorreflectores —y los que dos años más tarde dejaron los astronautas de las misiones Apolo 14 y Apolo 15— con haces de luz láser enviados usando grandes telescopios que también servirían para observar la luz reflejada. El tiempo de demora en el viaje de ida y vuelta daría una medida precisa de la distancia entre la Tierra y la Luna. Observatorios de Estados Unidos, Francia, Australia y Alemania realizan hasta hoy medidas independientes con la intención de poner a prueba la Teoría de la Relatividad General y, ya que estamos, comprobar si nuestro satélite se nos acerca peligrosamente en este vals perpetuo que baila con la Tierra. ¿El resultado? La Luna se aleja en espiral casi cuatro centímetros al año, principalmente por efecto de las mareas.

MATERIALISMO DIALÉCTICO E INMOVILISMO

Hubo un aspecto del trabajo de Dirac que produjo un impacto inesperado en los pensadores marxistas de aquel entonces. La idea de que las constantes que rigen las leyes de la Naturaleza dependieran de la época, fue interpretada como un respaldo de las ciencias naturales —en la voz de uno de sus máximos exponentes— al materialismo dialéctico de Karl Marx y Friedrich Engels. El célebre biólogo John Burdon Haldane, padre junto a Aleksandr Oparin de la abiogénesis —la teoría del origen de la vida a partir de materia inerte—, también fue un reconocido marxista y se refirió con gran entusiasmo a «estas expresiones de la dialéctica fundamental de la Naturaleza que muestran la influencia de los procesos históricos aun en la exactitud de la física».[134]

Aunque en esta ocasión la hermosa barcaza forjada por Dirac con los mejores materiales se haya ido a pique cerca de la costa, lo cierto es que en su pensamiento se esconde una idea interesante y seductora. En un universo en el que todo está en movimiento y envejece inexorablemente por el imperio de la termodinámica, ¿tiene sentido que haya algo a lo que se pueda llamar una constante? ¿No son las constantes un intento desesperado por aferrarnos a algo que podamos reconocer aunque todo lo demás envejezca? Cuando somos niños nos gusta que nos cuenten siempre la misma historia y nos enojamos ante la modificación más nimia. De adultos invocamos la constancia de ciertas cosas, quizás para estar seguros de que al despertar cada mañana seguimos siendo nosotros mismos.

---

[134] Helge Kragh, *Dirac. A Scientific Biography.* Cambridge University Press, 1990.

20

La lencería del cosmos

Pasadas las ocho de la noche del 29 de julio de 1968, Paul se sentó al piano de los estudios de Abbey Road. Luego de un largo silencio sus cuerdas vocales comenzaron a vibrar alcanzando un diáfano «do» mientras sus labios emitían un simple y dulce «Hey». La vibración se hizo más lenta en la rúbrica del «Jude», al tiempo que sus dedos hundían cuatro teclas del piano, para que otras tantas de sus cuerdas produjeran un «fa mayor». Así echaba a rodar la primera grabación de una de las canciones fundamentales de la historia de la música moderna.

Luego se sumaron más cuerdas. Las de las guitarras de John y George, las vocales de todos ellos, y un conjunto de diez violines, tres violas, tres cellos y dos contrabajos; un aquelarre de cuerdas vibrantes, ninguna de las cuales tenía un atractivo especial por sí misma, pero todas ellas capaces de conformar uno de los himnos de nuestra cultura. Así, cada cuerda actuaba como un «átomo», la unidad fundamental de la canción, y sólo el ensamble de todas hacía posible desencadenar el torrente emocional contenido en la obra maestra.

Pocas horas antes, ese mismo día, la revista *Il Nuovo Cimento* recibía el manuscrito de un joven físico italiano que trabajaba en el CERN, setecientos cincuenta kilómetros al sureste de los estudios londinenses, con un resultado que significaría el puntapié inicial de una nueva área de la física que hoy conocemos como «Teoría de Cuerdas». El trabajo de Gabriele Veneziano[135] acabaría gestando un universo que, al igual que «Hey Jude», no sería otra cosa que una multitud de cuerdas cuyo incesante vibrar pretendidamente produce toda su complejidad y sobrecogedora belleza.

GRAN UNIFICACIÓN

Una teoría científica es siempre una síntesis descomunal que con unas pocas ideas puede dar cuenta de un vasto número de fenómenos aparentemente dispares. Isaac Newton, por ejemplo, unificó el movimiento de los proyectiles, la caída de los objetos, las mareas, la órbita de la Luna alrededor de la Tierra y la de esta alrededor del Sol en una sola teoría, escrita en forma de un puñado de ecuaciones fundamentales. Maxwell unificó de modo similar los fenómenos eléctricos, magnéticos y la luz. Boltzmann, a su vez, unificó el calor con el resto de los fenómenos físicos. La ciencia, heredera de estos grandes monstruos del pensamiento, no ha abandonado ese espíritu unificador, persiguiendo teorías que, de acuerdo al antiguo principio de la «navaja de Ockham», expliquen la mayor variedad de fenómenos de la manera más simple posible.

Por supuesto, Einstein no quiso quedarse atrás en este desafío. El sueño eterno de la unificación ha hecho las veces del horizonte que se busca con denuedo, sólo para descubrir que precisamente ésa es su función: servir de faro en *terra incognita*. Inmediatamente después de terminar de escribir las ecuaciones de la Relatividad General comenzó a dedicarle buena parte de su tiempo a lo que denominó la «Teoría de Campo

---

[135] Gabriele Veneziano, *Il Nuovo Cimento*, vol. 57, 1968, pp. 190-197.

Unificado». Entendió que su gravitación y el electromagnetismo de Maxwell debían compartir de algún modo sus principios fundamentales, de manera que ambas formas de interacción, las únicas conocidas durante la segunda década del siglo XX, pudiesen ser descritas por una teoría única. Pensaba que quizás incluso la materia podría ser expresada a través de campos, de la misma forma en que los fotones son parte del campo electromagnético. Esta Teoría de Campo Unificado no sólo habría de dar cuenta de la gravitación y el electromagnetismo, sino que además debía explicar las extrañas propiedades cuánticas de la materia.

Pero el punto de vista de Einstein se alejaba de aquel que sostenían la mayor parte de los físicos en esos años, quienes concentraban sus esfuerzos en los entresijos de la Mecánica Cuántica, disciplina que no dejaba de dar suculentos frutos y proponer notables enigmas. Durante los treinta años que transcurrieron desde la formulación moderna de la Mecánica Cuántica —de la mano de Heisenberg, Schrödinger y Dirac— hasta su muerte, las ideas de Einstein divergieron dramáticamente de las de sus colegas, dejándolo progresivamente más aislado de sus pares. Su perseverancia y determinación, la fuerza irrefrenable de su portentosa capacidad analítica y su abnegada obstinación, todas ellas cualidades que hicieron posible su obra revolucionaria, no le permitieron desviar el camino que se había impuesto. Era como esperar del huracán más poderoso que dejara de girar unos instantes para reconsiderar la pertinencia de su trayectoria original. En el frondoso catálogo de las virtudes que le llevaron a la cima más alta del pensamiento científico pueden descubrirse las razones que alimentaron su tozudez en el último tercio de su vida. Con la misma determinación que rechazó el paradigma de su época, cuando lo dio vuelta como a un calcetín, dejó de lado uno nuevo a cuya concepción, paradójicamente, había contribuido de manera crucial. La tenacidad y la determinación, en definitiva, son nombres que adquiere la obcecación cuando se la considera bien empleada. La soledad en la que, en última instancia, eclosiona el pensamiento revolucionario de un científico, es la misma que lo acompaña décadas más tarde, cuando el suelo presuntamente firme que ha contribuido a construir empieza a temblar nuevamente bajo el influjo de nuevas ideas o novedosas evidencias observacionales. Parece una ley inexorable que todo pensamiento revolucionario se vuelva conservador al encontrar su horma.

Entretanto, se descubrían nuevas partículas elementales, nuevas interacciones y se desarrollaba la Teoría Cuántica de Campos, que culminaría a finales de los años sesenta en lo que hoy conocemos como el Modelo Estándar. Al decir de Freeman Dyson: «era obvio para todos, excepto para Einstein, que el futuro de la física debía incluir una comprensión de las partículas que se estaban encontrando; sus teorías unificadas no las incorporaban».[136] Einstein quedó afuera de todo eso. Como casi siempre, sin embargo, su olfato no estaba del todo desencaminado. Quizás no era un tema acuciante para los grandes físicos de la época, dedicados en cuerpo y alma a escudriñar en el bestiario del mundo microscópico, un terreno sin hollar que ofrecía su generosa exuberancia a quienes tuvieran la audacia de explorarlo. Pero sí lo era para el físico más importante de la historia, cuya monumental obra se había basado en la búsqueda de una visión coherente del mundo; en poner el foco en lo que parecían desajustes sin importancia, incoherencias formales entre teorías, que acabaron siendo la grieta responsable del desplome de las grandes catedrales de la física del siglo XIX. La unificación de las teorías de la gravedad

---

[136] Freeman Dyson, comunicación privada.

y el electromagnetismo, así como la adecuación de estas a la desconcertante legalidad de la Mecánica Cuántica, acabarían por adquirir el estatus que en aquel momento sólo él apreciaba. No deja de ser curioso que el problema más urgente que hoy evade nuestra comprensión sea una suerte de eco furioso y desesperado del último grito de Einstein.

La gravedad aún parece eludir el esquema teórico en el que se acomodan todas las otras fuerzas. Al electromagnetismo se han sumado las interacciones nucleares, fuerte y débil, en una plácida convivencia dentro del marco del Modelo Estándar; una teoría cuántica que nos ha brindado los más asombrosos y precisos éxitos experimentales de la historia de la ciencia y que describe todos los fenómenos conocidos a excepción de la gravedad. Esta, no sólo no ha podido ser incorporada al Modelo Estándar sino que, remedando la soledad postrera y los pruritos epistemológicos de su genial artífice, ha cerrado a cal y canto todas las sendas que pudieran llevar a encontrar una versión cuántica que permita describirla a escalas pequeñas. Todos los caminos explorados, cuando no han estado atiborrados de pistas falsas y señuelos venenosos, han acabado ante celosos guardianes expertos en endulzarnos los oídos con alternativas improbables que nos mantuvieran entretenidos, lejos de la meta buscada.

Hasta que los dedos de Paul McCartney se apoyaron sobre las teclas del acorde de «fa» que daba inicio a ese himno lleno de esperanza, promesas e ilusiones que es «Hey Jude». Unas horas antes, comenzaban a vibrar las cuerdas del tejido cósmico, en aquel extraño manuscrito escrito por Veneziano. Imposible saber en ese momento que se estaba dando el puntapié inicial de una fabulosa aventura del pensamiento: un bellísimo concierto de cuerdas microscópicas que aún hoy promete ser la teoría que unifique todas las interacciones, la materia, el espacio y el tiempo. La Teoría de Cuerdas es un proyecto elegante y ambicioso que sigue en construcción mientras usted lee estas líneas.[137]

EL CERO Y EL INFINITO

Si la materia, como la música, tiene unidades fundamentales e indivisibles, ¿las tiene también el espacio? ¿Podemos dividirlo una y otra vez, indefinidamente, o nos encontraremos con una unidad mínima, un «átomo de espacio»? La misma pregunta cabe con el tiempo. No nos planteamos estas interrogantes en un sentido práctico: todo en nuestra vida cotidiana parece indicar que el espacio y el tiempo son continuos. Pero nuestros sentidos suelen engañarnos. Tanto es así que la materia también nos parece continua. Nuestros órganos sensoriales han sido moldeados por la evolución para desenvolverse en las escalas de tiempo, espacio y materia en las que habitan nuestros cuerpos, nuestros alimentos y nuestros depredadores.

Si se pudieran dividir el espacio o el tiempo ilimitadamente, la física cuántica nos depararía un gran dilema. El Principio de Incertidumbre de Heisenberg nos dice que mientras mayor resulte la certeza respecto del instante en el que algún fenómeno ocurre, más grande será la indeterminación de su energía; cuanto más pequeño el intervalo temporal, mayor la energía de los eventos que pueden acontecer sin que las leyes de la Naturaleza, por así decirlo, los perciban. Algo similar ocurre con los volúmenes muy pequeños. En un espacio-tiempo continuo en el que las partículas elementales son puntuales, entonces, el tamaño cero del punto que estas ocupan iría inexorablemente

---

[137] Para más detalles, ver: José Edelstein y Gastón Giribet, *Cuerdas y supercuerdas: la naturaleza microscópica de las partículas y del espacio-tiempo*, RBA, 2016.

de la mano de la disponibilidad ilimitada de energía. ¡Y esto valdría para los infinitos puntos del vasto espacio-tiempo!

El problema es que, como ya hemos visto, la Teoría de la Relatividad General dictamina que la acumulación de suficiente energía en una región pequeña daría lugar a un agujero negro; una singularidad que desgarraría el tejido espacio-temporal. De modo que si el espacio-tiempo pudiera dividirse indefinidamente... ¡estaría infestado de agujeros negros! Una posible solución a este desaguisado sería pensar que el espacio-tiempo está dividido en celdas fundamentales; como una pared lo está en ladrillos. De ser así, sin embargo, habría inevitablemente direcciones privilegiadas en el espacio, como las líneas horizontales o verticales de la pared. Sólo las esferas son respetuosas de la simetría, pero podemos comprobar con unas pocas naranjas la imposibilidad de empaquetarlas sin dejar resquicios.

EL TAMAÑO DE UN PUNTO

¿A qué escala del espacio-tiempo es de esperar que el punto de vista clásico de un tejido continuo deje de ser una buena aproximación de la realidad? Una pista nos la brindan las constantes fundamentales de la Naturaleza. Estas son cantidades que forman parte de las leyes físicas y que resultan ser las mismas aquí, en Andrómeda y en los confines del universo: la velocidad de la luz, la constante de Newton y la constante de Planck. Cada una de ellas representa, respectivamente, la marca de identidad de la relatividad, de la gravedad y de la cuántica. Existe una única combinación de estas constantes que da lugar a una escala de longitud. No hay otra forma de generar con ellas algo que pueda medirse en metros. Se la conoce como «la escala de Planck». Al llegar a ella crujirán los cimientos de la Relatividad General y/o de la Mecánica Cuántica.

La escala de Planck es extremadamente diminuta, unas mil billones de veces menor que lo más pequeño que hemos podido explorar hasta este momento con nuestro microscopio más potente, el Gran Colisionador de Hadrones (LHC). Tenemos fundadas sospechas de que al llegar a ella la geometría dejará de parecerse a lo que conocemos. Las nociones de punto, curva y superficie se verán afectadas por el borroneo difuso de Heisenberg, del mismo modo que lo hicieron las partículas al convertirse en nubes de probabilidad. Dicho de un modo más drástico: ¡no existe la geometría a esas escalas: ni el espacio, ni el tiempo! ¿Qué hay o habría a cambio de lo que no hay? En breve nos adentraremos en la más fascinante de las conjeturas para intentar esbozar una respuesta a este interrogante. De momento, siguiendo el hilo argumental, quizás no sea de extrañar que la Relatividad General sea incompatible con la Mecánica Cuántica —ya que esta proscribe la geometría a escalas microscópicas—. Casi nueve décadas de exploración a manos de los físicos más importantes de los siglos xx y xxi no han logrado apaciguar sus diferendos. El mismo Einstein, con preclara intuición, había reparado en esto muy tempranamente. En 1916 escribió: «Sin embargo, debido al movimiento de los electrones, los átomos deberían irradiar no sólo energía electromagnética, sino además gravitacional, aunque sea en cantidades minúsculas. Como esto difícilmente puede ser cierto, parece que la teoría cuántica no solo debiese modificar el electromagnetismo de Maxwell, sino también la nueva teoría de la gravitación».[138]

Einstein se refería a uno de los misterios que guiaban la búsqueda frenética de una teoría «cuántica»: la visión clásica del átomo exigía que los electrones estuvieran en movimiento,

---

[138] Albert Einstein, «Näherungsweise integration der feldgleichungen der Gravitation», *Sitzungsberichte der Königlich Preussischen Akademie der Wissenschaften zu Berlin*, 1916, pp. 688-696.

cual planetas en torno al Sol, para así no caer sobre el núcleo a raíz de la atracción eléctrica. Pero el movimiento de cargas eléctricas genera ondas electromagnéticas que se llevan energía, de modo que eventualmente los electrones deberían colapsar. Los cálculos clásicos, de hecho, llevan a concluir que eso ocurriría en una fracción infinitesimal de segundo. Sabemos que esto no ocurre; de lo contrario, no podría existir la materia tal como la conocemos. Niels Bohr había formulado en 1913 un modelo atómico capaz de explicar la estabilidad atómica. Pero era solo un modelo heurístico; aún faltaba más de una década para que la teoría a la que llamamos Mecánica Cuántica fuera formulada. La predicción de ondas gravitacionales de Einstein trasladaba el problema al ámbito de esta interacción, ya que los electrones tienen masa y, al orbitar el núcleo, deberían emitirlas. La Mecánica Cuántica pudo con el electromagnetismo y con todas las fuerzas que luego se conocieron y forman parte del Modelo Estándar. No con la gravedad.

La reconciliación entre la Mecánica Cuántica y la gravitación es fundamental para comprender el evento fundacional de nuestra historia cósmica: el *Big Bang* y los primeros instantes de la historia universal, cuando todo era extremadamente pequeño y energético; es decir, cuántico y gravitacional. Necesitamos unificar estas teorías para comprender el origen del universo. Si esa motivación le parece al lector insuficiente, hay otra menos glamorosa pero más propia del pensamiento de Einstein. Las ecuaciones de la Relatividad General imponen una relación muy concreta entre el contenido de materia y energía del universo y la geometría del espacio-tiempo.[139] La materia deforma el espacio-tiempo y, a la vez, se mueve por los surcos que dejan

---

[139] No dude en acudir a las líneas finales de «El hombre que era jueves» para repasar las ecuaciones de Einstein y comprender mejor este argumento.

esas deformaciones. Pues bien, si la materia y la energía están sometidas a la jurisdicción de la Mecánica Cuántica, deberá estarlo también el otro miembro de la ecuación, la geometría del espacio-tiempo, honrando el significado matemático del signo «igual» que se interpone entre ellos.

El universo muestra la hilacha

¿Y si las partículas elementales no fueran puntuales? Supongamos por un instante que fueran minúsculas cuerdas sin espesor, cuerdas que no están hechas de nada: son ellas mismas el objeto fundamental. Tal como ocurre con las de la guitarra, estas pueden vibrar y tienen su espectro de notas y armónicos. Para quienes no seamos capaces de discriminar los detalles de la diminuta cuerda, lo único que apreciaremos cuando vibre a una frecuencia determinada es la presencia de un objeto que nos parecerá puntual y cuya masa será mayor cuanto más aguda sea la nota. ¡Todas las partículas conocidas podrían obtenerse a partir de una única cuerda!

Los extremos de la cuerda, al ser puntuales, podrían representar un problema. Supongamos que los unimos, cerrando las cuerdas sobre sí mismas; pequeños «lazos» que pueden desplazarse y vibrar. Al estudiar las propiedades de las partículas que resultan de estas vibraciones nos encontramos con una sorpresa mayúscula: ¡una de ellas tiene exactamente las características de un «gravitón», la partícula cuántica de la gravedad!, aquella análoga al fotón para el campo electromagnético. Secreta e inesperadamente, ¡la Teoría de Cuerdas *es* una teoría cuántica de la gravedad! De modo que la geometría, a pequeñas escalas, podría no ser otra cosa que una multitud de pequeñas cuerdas vibrando.

Por supuesto, estas cuerdas están extremadamente lejanas de cualquier posibilidad de observación directa. Como ocurrió inicialmente con los átomos, la construcción de la teoría descansa sobre su coherencia lógica, su belleza matemática y sus predicciones. En este caso, la de la realidad del gravitón y de varias otras partículas más exóticas que podrían ser la respuesta al misterio de lo que hoy llamamos materia oscura. Los entusiastas partidarios de esta teoría esperan encontrar alguna de estas partículas, en un futuro cercano, en los grandes colisionadores. Por ahora es el pensamiento más que la experiencia el motor que la propulsa. ¿Hay algo incorrecto en esto? En absoluto. Una teoría científica debe ser capaz de dar cuenta de cualquier fenómeno observable, ya que basta una sola discrepancia para destronarla. Pero sólo de la experiencia no es posible deducir teorías científicas. Estas son, en definitiva, invenciones que requieren la intermediación de la creatividad humana.

El mismo Einstein lo subrayó en una conferencia que impartió en Oxford el 10 de junio de 1933, poco antes de emigrar a Estados Unidos. Para él, el hecho de que la Relatividad General —con su concepción geométrica del espacio-tiempo— y la teoría de Newton —con la instantánea acción de sus fuerzas a distancia— predijeran ambas con formidable éxito un enorme conjunto de fenómenos gravitacionales, sólo podía significar una cosa: las teorías son inventos. De otra forma la Relatividad General debió haber sido una pequeña modificación que mejorara las ideas newtonianas, pero no un quiebre absoluto con ellas. Desde el estrado pontificó emocionado: «Si la base axiomática de la física teórica no se puede inferir de la experiencia y debe ser un invento libre, ¿tenemos alguna esperanza de encontrar el camino correcto? [...] A esto contesto con total seguridad que, en mi opinión, existe un camino correcto y que, más aún, tenemos el poder de encontrarlo. Nuestra experiencia justifica que nos sintamos seguros de que la Naturaleza materializa el ideal de la simplicidad matemática. Es mi convicción que la construcción matemática pura nos permite descubrir conceptos y las leyes que los conectan, entregándonos las claves para entender los fenómenos de la Naturaleza».[140] Las ideas de Einstein sobre el valor de la matemática pura en la construcción de ideas sobre el universo había cambiado con el paso de los años y su proyecto más importante a partir de entonces tendría esta nueva mirada. ¿Acaso una justificada vuelta hacia el modo aristotélico de mirar la Naturaleza? No del todo. Aunque la verificación de sus predicciones demore en llegar, una teoría será abandonada si después de algún tiempo no tiene ninguna. La Teoría de Cuerdas tiene algunas predicciones que, como ya se dijo, son muy difíciles por ahora de verificar. Pero tiene una que es tan elemental que ninguna teoría científica con anterioridad había siquiera pensado que era posible perseguir: las dimensiones del espacio en que el universo ocurre y transcurre.

LAS DIMENSIONES DEL UNIVERSO

¿Cuántas dimensiones tiene una sábana? Vista de lejos diríamos que se trata de una superficie bidimensional. A distancias más cortas, sin embargo, podríamos apreciar su espesor y concluir que las dimensiones son tres. Pero la mayor sorpresa acontecerá al verla desde tan cerca que seamos capaces de advertir que se trata de un largo hilo, convenientemente tejido. La hilacha de la sábana revelará su carácter unidimensional. Aún desde más cerca veremos el grosor del hilo y nos reconciliaremos nuevamente con las tres dimensiones. Podemos extraer una lección de este sencillo ejemplo: la dimensionalidad del espacio, en general, depende de la resolución empleada en la observación.

Esto nos permite plantearnos una pregunta crucial: ¿cuántas dimensiones espaciales tiene el universo a escalas pequeñas? La

---

[140] Albert Einstein, *Philosophy of Science*, vol. 1, 1934, pp. 163-169.

Teoría de Cuerdas tiene una respuesta tan sorprendente como libre de ambigüedades: ¡nueve! Ni una más, ni una menos. La única forma conocida de hacer matemáticamente compatible la hipótesis de las cuerdas sin espesor con la Mecánica Cuántica arroja este inesperado y contundente resultado. Las tres dimensiones que nuestros sentidos perciben serían una ilusión de la escala a la que observamos. No parece descabellado que en una teoría cuántica del espacio-tiempo, de la que se espera que pueda dar una respuesta precisa al interrogante de su resolución fundamental, el número de dimensiones resulte una predicción inapelable. El entramado geométrico que experimentan las cuerdas es aun más desquiciante de lo que el número de dimensiones sugiere. Dado que tienen una cierta longitud, las cuerdas viajan por el espacio-tiempo experimentando su curvatura en varios puntos a la vez, tal como una lombriz explora el terreno de manera simultánea a lo largo de toda su anatomía.

Las predicciones de la Teoría de Cuerdas no se agotan con este sorprendente resultado.[141] Nuevas partículas deberían aparecer en los aceleradores cuando se eleve significativamente la energía a la que tienen lugar las colisiones, revelando una estructura mucho más rica del contenido material del universo de la que conocemos. En relación a la temática de este libro quizás sea oportuno destacar una de sus predicciones, ya que esta abona el entusiasmo de una parte importante de la comunidad de físicos teóricos en la actualidad. La entropía de los agujeros negros, esa inesperada e inexplicable propiedad termodinámica descubierta por Jacob Bekenstein y Stephen Hawking de la que hablamos en el capítulo «Oxímoron cósmico», parece ser un corolario inevitable de la Teoría de Cuerdas y su bestiario diez-dimensional.

---

[141] José Edelstein y Gastón Giribet, *Cuerdas y supercuerdas: la naturaleza microscópica de las partículas y del espacio-tiempo*, RBA, 2016.

Gabriele Veneziano realizó los cálculos que dieron lugar a su revolucionario trabajo en un barco que lo llevaba de Haifa a Venecia. Los Beatles, ¡cómo no!, grababan en ese mismo momento «Revolution». Los chicos de Liverpool fueron claros en su demanda:

> *You say you got a real solution*
> *Well, you know*
> *We'd all love to see the plan.*[142]

Y el italiano accedió al pedido. Escribió los resultados tan pronto llegó a Ginebra y los envió a publicar. Unas semanas después los presentó en una conferencia en Viena y fueron recibidos, al igual que «Hey Jude», con desbordante entusiasmo. El universo físico, al tiempo que el musical, mostró la hilacha. Refinada y original.

Elegante y sutil es el tejido de la lencería del cosmos.

---

[142] The Beatles, «Revolution», 1968.

21

El jarrón agrietado de Tesla

Somos seres gregarios. Buscamos el reconocimiento de nuestros pares, quienesquiera que estos sean. Aun cuando elijamos posicionarnos contra lo establecido, lo hacemos acompañados, adoptando un discurso preestablecido. La libertad de pensamiento en el fondo nos resulta aterradora. Ser capaces de analizar una consigna sin que se nos diga cuál es su origen o quién fue su vocero. Quizás por ello somos tan proclives a sentir fascinación por personajes que se movieron en los márgenes. Seres indómitos, excéntricos y complejos, en el fondo inclasificables, a los que de inmediato acomodamos en una categoría que nos permita justificar nuestra desbordada admiración por ellos e identificarnos con aquellos que nos habrán de acompañar en este nuevo culto. Nuestros pares.

Necesitamos encontrar un modesto oasis en donde podamos descansar de la náusea existencial y para ello fabricamos héroes o mártires, cuidándonos antes de limar aquellas aristas que no resulten convenientes para la fábula que nos disponemos a construir y a la que nos entregaremos con la devoción de un creyente. La cruda realidad de nuestra humana condición nos resulta insoportable. Cualquier vía de escape es abrazada con entusiasmo en esta quijotesca aventura abocada a la derrota a la que llamamos vida. De allí el éxito de las religiones y de la industria de la evasión.

Por un extraño giro dialéctico, al mismo tiempo que nos tranquiliza ser parte de un rebaño queremos pensarnos también como seres especiales y singulares. Pero no estamos dispuestos a pagar el costo de serlo. Es allí donde hasta el último de nuestros poros se abre a «lo alternativo» y nos encandilan aquellos personajes a los que identificamos como genios incomprendidos o aquellas ideas que parecen ir contra lo que entendemos como «lo establecido». En esos casos, tendemos a creer que somos parte de un selecto grupo que se dio cuenta de que el hombre no llegó a la Luna, que las vacunas son un invento de la industria farmacéutica para enriquecerse, que el cáncer se cura con jugo de guanábana pero la industria ya mencionada no quiere que lo sepamos o, el caso que nos ocupa ahora, que Nikola Tesla es el genio más grande del siglo XX y que ha sido ninguneado maquiavélicamente por una conspiración universal del establishment científico.

Pocas dudas caben de que el propio Tesla lo creía así. Su larga y estilizada silueta, sus negros ojos de mirada inquisitiva, su carácter huraño y extravagante, su desmedida autosuficiencia, sus pocos pero rotundos éxitos seguidos de abundantes e igualmente rotundos fracasos, todo ello contribuyó a que la *intelligentsia* neoyorquina se convenciera de que se encontraba ante un genio sin par. Quizás la figura estelar que esa metrópoli floreciente necesitaba para consagrar su jerarquía planetaria. Cuando sus inventos empezaron a ser cada vez más exóticos e implausibles, y su economía personal más ruinosa, Tesla descubrió los ingredientes precisos que podrían mantenerlo en la cumbre de la estima de la bohemia de Nueva York. Comenzó a realizar demostraciones públicas de experimentos electromagnéticos a gran escala, fascinando a una sociedad incapaz de distinguir entre la ciencia y la magia, acostumbrada al asombro y la ensoñación que provocaban ilusionistas como Harry Houdini. Convirtió sus cumpleaños en celebraciones públicas en las que anunciaba la inminente aparición de ingenios tecnológicos o trabajos científicos revolucionarios que jamás vieron la luz, y concedía entrevistas estrambóticas a medios influyentes como la revista *Time* o *The New York Times* que acabaron adoptándolo como un personaje emblemático, una mezcla rara de bufón y profeta.

Los ecos del genio de Einstein tras cuatro prolongadas visitas a Estados Unidos, la última de ellas ya en su carácter de miembro del Instituto de Estudios Avanzados de la vecina localidad de Princeton, y su llegada definitiva, el 17 de octubre de 1933, proyectaron una inesperada sombra sobre Tesla que presumiblemente acabó resultándole una losa insoportable. Sólo así puede explicarse la exagerada inquina con la que intentó refutarlo dejando al descubierto, por otra parte, una muy pobre comprensión de la Teoría de la Relatividad.

NIKOLA TESLA, INVENTOR

La naturaleza de los fenómenos eléctricos y magnéticos fue entendida cabalmente en el siglo XIX. El trabajo de Michael Faraday y James Clerk Maxwell, entre otros, significó el punto de partida para la aparición de numerosos inventores que exploraron con rapidez e ingenio sus posibles aplicaciones. Nikola Tesla fue uno de los más destacados. La gran cantidad de importantes patentes que llevan su firma y de industrias que surgieron bajo la batuta de sus creaciones así lo confirman. Era, además, un visionario incombustible, cuya tenacidad y confianza para perseguir hasta la más disparatada de sus ideas le dio tanto frutos extraordinarios como sonoras derrotas.

Tesla fue el más prodigioso, audaz y creativo de los artesanos e ingenieros —es decir, hacedor de ingenios y artilugios—

de la así llamada «corriente alterna», aquella que fluye por los cables de alta tensión que vemos en las calles y que entra a nuestras casas a través de múltiples enchufes que pueblan sus paredes. Cuando conectamos allí un artefacto eléctrico, la corriente cambia de dirección cincuenta veces cada segundo. A fines del siglo XIX había enérgicos debates sobre si era este tipo de corriente o la «corriente continua» —aquella que no cambia en el tiempo— la más apropiada para el uso doméstico. Fue Tesla quizás el más grande impulsor de la corriente alterna, para la que encontró un sinnúmero de aplicaciones que modelaron drásticamente nuestra forma de vida. Una de sus más importantes creaciones fue un motor eléctrico «de inducción» que utiliza corriente alterna en su operación. Tesla hizo además desarrollos fundamentales en la tecnología de la iluminación, los transformadores y los generadores eléctricos y, más importante, en la transmisión inalámbrica de señales electromagnéticas. Fue uno de los creadores de la tecnología que permitió el desarrollo de la radio y el primero en construir un dispositivo a control remoto; un pequeño barco que presentó públicamente en 1898.

La relevancia de Tesla en el desarrollo económico de comienzos del siglo XX es indudable y queda de manifiesto en un honor que sólo un reducido grupo de seres humanos posee: en la decimoprimera Conferencia de Pesas y Medidas realizada en 1960 se decidió que la unidad estándar para el campo magnético se denominaría tesla. Para que el lector se haga una idea, el campo magnético que mueve a una brújula en la superficie de la Tierra tiene una intensidad igual a la veintemilésima parte de un tesla. Cuando nos toman imágenes médicas de resonancia magnética nuclear, en cambio, nos exponemos a campos magnéticos de algunos teslas, el mismo orden de magnitud del utilizado en el Gran Colisionador de Hadrones para permitir a los protones tomar la curva constante del camino que recorren y permanecer girando a velocidades próximas a la de la luz.

Nikola Tesla, científico

Todo lo que hizo Tesla se podía entender en base a las teorías que hombres como Faraday, André-Marie Ampère y Maxwell desarrollaron algunas décadas antes. En la confección de sus sorprendentes ingenios, lo último que preocupaba a Tesla era contribuir a la comprensión de los fenómenos electromagnéticos. De hecho, no se sentía muy atraído por el lenguaje formal de las ciencias básicas ni comprometido con sus avances. Por supuesto, recibió una exhaustiva educación en física y matemática como estudiante del Politécnico Austriaco de Graz, sin la cual no habría podido emprender sus invenciones. No terminó la carrera, pero aprendió las artes de la ingeniería trabajando en empresas de telefonía y eléctricas.

En 1884 emigró a los EEUU, en donde había sido contratado para trabajar con Thomas Alva Edison, el más renombrado inventor estadounidense de todos los tiempos y con quien acabaría enfrentándose en una lucha sin cuartel —entre otras cosas— por ser este uno de los principales impulsores del uso de la corriente continua. Poco tiempo estuvo allí. Apenas un año más tarde comenzó su carrera en solitario, alternando colaboraciones y beneficiándose del padrinazgo de George Westinghouse. A principios del siglo xx era uno de los más afamados personajes de la escena social neoyorquina. Misterioso, soñador y excéntrico, se lo hallaba habitualmente dando entrevistas e impartiendo conferencias en las que mostraba sus últimos inventos y relataba sus visiones de futuro. Todo esto a espaldas de la revolución científica que por aquellos años tenía lugar de la mano de la física cuántica y la teoría de la relatividad. Empantanado en su egocéntrica vanidad, no tuvo la voluntad de aprender de otros y fue encerrándose en la convicción de que las nuevas teorías eran un disparate colectivo que no merecía mayor atención.

Poco a poco, los mismos ingredientes que lo llevaron a la cima, comenzaron a empujarlo hacia el despeñadero: la excesiva confianza en sí mismo, la práctica de poner sus sueños por delante de las evidencias y, lo que es peor, la falta de interés en el trabajo de sus pares. Su proyecto más ambicioso, el de construir una red inalámbrica de transmisión de energía eléctrica, terminó por socavar su credibilidad y sus finanzas. A pesar de toda la evidencia en contra y de las opiniones desfavorables de otros expertos, Tesla continuó solitaria y obstinadamente persiguiendo sus propios sueños, cada vez más quijotescos.

Nikola Tesla, el *CRACKPOT*

A pesar de haber perdido buena parte de su credibilidad ante el mundo científico y empresarial, su fama en la sociedad seguía incólume. En sus entrevistas continuaba proponiendo ambiciosos avances científicos y tecnológicos: hablaba de motores que funcionaban con rayos cósmicos, de armas mortíferas o se lanzaba en contra de la ya bien establecida Teoría de la Relatividad. En un poema burlón que envió a su amigo, el poeta filonazi George Sylvester Viereck, Nikola Tesla, el hombre solitario que vivió hasta los ochenta y seis años en habitaciones de hotel y acudía diariamente a alimentar a las palomas de una plaza neoyorquina, se refirió a Albert Einstein como un «chiflado extravagante de pelo largo». En una entrevista que dio al cumplir setenta y nueve años se refirió a la relatividad de Einstein: «Es un amasijo de errores e ideas falsas en franca oposición a las enseñanzas de los grandes hombres de ciencia del pasado, e incluso al sentido común. La teoría envuelve todos estos errores y falacias y los viste en un traje de matemática majestuosa que fascina, encandila y vuelve a la gente ciega a los errores que la sostienen. La teoría es como un mendigo envuelto en púrpura, al que la gente ignorante toma por rey. [...] Ninguna de las proposiciones de la relatividad han sido probadas».[143] A treinta años de la publicación de la Relatividad Restringida y a veinte de la Relatividad General, tales argumentos desnudaban una desvergonzada ignorancia y, lo que es peor, una acusada desidia para comprender estas teorías, injustificable en alguien de su capacidad intelectual. Además, denotaban su abierta animadversión hacia Einstein y un total desconocimiento de lo que había ocurrido en el campo de la física durante los últimos treinta y cinco años.

En la comunidad científica hay un término que se utiliza despectivamente para referirse a aquellos que pretenden dar respuestas a importantes problemas con más entusiasmo que comprensión: *crackpot*. La traducción al castellano sería algo así como chiflado y excéntrico. Nikola Tesla se entregó mansamente al mecanismo freudiano de la proyección al depositar en Einstein estos adjetivos que tan bien le sentaban a él. Con el paso de los años se fue acentuando esta faceta megalómana de Tesla, llevándolo a anunciar con bombos y platillos ideas que superaban con holgura los límites del esperpento: «[...] tuve la enorme fortuna de hacer dos descubrimientos de gran envergadura. El primero fue una teoría dinámica de la gravedad, que desarrollé en todo detalle y espero ofrendársela al mundo muy pronto. Explica las causas de esta fuerza y de los movimientos de los cuerpos celestes bajo su influencia, de una manera tan satisfactoria, que pondrá fin a infundadas especulaciones y falsas concepciones como aquella del espacio curvo. [...] Toda la literatura en este tema es fútil y destinada al olvido. Así como todos los intentos de explicar los mecanismos del universo sin

---

[143] «Tesla, 79, Promises to transmit force», *The New York Times*, 11 de julio de 1935.

reconocer la existencia del éter y la función indispensable que juega en los fenómenos».[144]

Tesla fue víctima de un narcisismo colosal y de un pecado muy extendido en nuestra especie: redoblar la seguridad en nuestras opiniones cuanto más débiles sean nuestros argumentos y mayor nuestra ignorancia. Quizás no sea de extrañar que se transformara con el paso del tiempo en héroe y mártir de una legión de *crackpots* consumados, entusiastas admiradores de sus pensamientos más estrafalarios. El genio incomprendido y solitario como ellos. El que sabía lo que ellos saben, lo que ellos proponen, pero que las conspiraciones científicas y las grandes corporaciones no permiten aflorar.

Según una leyenda apócrifa, cierta vez se le preguntó a Einstein en una entrevista «¿qué se siente al ser el hombre más inteligente del planeta?», y este respondió: «¿cómo podría yo saberlo?, pregúntele a Tesla». Si bien es probable que este intercambio no haya ocurrido jamás, es innegable su verosimilitud. La pregunta insustancial del periodista es respondida, en apenas siete palabras, con una dosis punzante de ingenio y sarcasmo que se encuentra en muchos intercambios de Einstein con la prensa a lo largo de su vida. Cuando la revista *Time* le pidió unas líneas para conmemorar el cumpleaños de Tesla, en cambio, su respuesta fue más cortés y protocolaria: «Con alegría me he enterado de que está usted celebrando su setenta y cinco cumpleaños. Como un eminente pionero en el campo de las corrientes de alta frecuencia y del maravilloso desarrollo que esta área de la tecnología fue capaz de experimentar, lo felicito por los grandes éxitos de la obra de su vida».[145] Cierto es que

---

[144] Nikola Tesla, declaración preparada el 10 de julio de 1937 para la conferencia de prensa de su cumpleaños ochenta y uno. Citada en: John T. Ratzlaff (compilador), *Tesla Said*, Tesla Book Company, 1984.

[145] Albert Einstein, carta a Nikola Tesla publicada en la revista *Time*, 20 de julio de 1931.

corría el año 1931 y Einstein todavía no había emigrado a los Estados Unidos. En la hoguera de las vanidades, esa maravillosa ciudad de los rascacielos que se convirtió rápidamente en centro de gravedad de la cultura planetaria, se arrojaron un puñado de semillas que alimentaron en el imaginario mundial un supuesto enfrentamiento entre estos dos hombres; pero lo cierto es que no hay razones para sospechar que Tesla despertara siquiera mayor interés en Einstein.

Nada tuvo de mártir Nikola Tesla, pero su historia es el relato trágico de un prodigio que llegó a lo más alto y allí pareció perderse. Su arrogancia, el desprecio por las ideas de sus pares y otros expertos, la ceguera ante la evidencia experimental mientras sus sueños grandilocuentes lo encandilaban le pasaron la cuenta. Sus años finales fueron tristes y solitarios, rodeado más de la prensa y los aduladores que de empresarios, ingenieros o científicos. Esto, por supuesto, no opaca ni un ápice el calibre de su obra y su influencia. Lo que sí hace es servirnos de rotunda advertencia para enfrentar una realidad que la ciencia siempre nos está recordando: la autoridad no existe. No hay árboles firmes a los que abrazar. Incluso los más grandes pilares pueden desmoronarse en cualquier momento. La ciencia sólo reconoce el imperio de una autoridad: la Naturaleza. A ella hay que escuchar con detención y modestia reverencial. Nuestras ideas, nuestros sueños, por bellos y razonables que parezcan, pueden no tener relación alguna con ella. Y eso no es necesariamente malo. Pero tampoco es ciencia.

22

El parto más violento del universo

Alemania se había convertido en un sitio inhóspito. Max Born, uno de los padres de la teoría cuántica, había encontrado asilo en Edimburgo, mientras Albert Einstein hacía lo propio en Princeton. Ambos, judíos, habían escapado del horror nazi. La correspondencia que mantuvieron durante cuatro décadas es un testimonio de una época en que la muerte y la crueldad convivían, ominosas, con momentos estelares de la ciencia.

Fue a fines de 1936 cuando Born recibió de su amigo una carta felicitándolo por su nombramiento en Edimburgo. Pasando a temas científicos, en tanto, Einstein le comentó que «junto a un joven colaborador [Nathan Rosen] hemos llegado a la interesante conclusión de que las ondas gravitacionales no existen, a pesar de que estas se habían asumido como una realidad en una primera aproximación»[146]. Acababan de enviar un trabajo titulado «¿Existen las ondas gravitacionales?»[147] para su publicación en la prestigiosa revista *Physical Review*. El artículo, que respondía negativamente a la pregunta,

---

[146] Albert Einstein, carta a Max Born, la fecha exacta es incierta, en: Max Born, *The Born-Einstein Letters*, The Macmillan Press, 1971.
[147] Leopold Infeld, *Quest: an Autobiography*, Chelsea, New York, 1980.

fue rechazado. Un referí anónimo había informado a los editores que el manuscrito contenía errores que demandaban una corrección exhaustiva. Esto indignó a Einstein, poco acostumbrado al minucioso sistema de revisión por pares, y contestó con rudeza: «no veo razón para revisar el manuscrito de acuerdo a los comentarios —en cualquier caso erróneos— de su experto anónimo».[148]

El artículo fue publicado meses después en otra revista. Pero el título había cambiado a «Sobre las ondas gravitacionales»,[149] así como las conclusiones. Los autores se habían dado cuenta del error. Probablemente gracias al anónimo referí que, hoy sabemos, fue el matemático y físico estadounidense Howard Robertson, quien tuvo la oportunidad de discutir sobre la cuestión con el entonces asistente de Einstein, Leopold Infeld. A pesar de esto, Albert Einstein nunca más envió sus trabajos a la revista *Physical Review*. Una decisión injusta ya que, después de todo, fue su sistema de revisión el que le evitó el bochorno de publicar un resultado no sólo erróneo, sino contradictorio con una de sus predicciones más célebres: la existencia de ondas gravitacionales.[150]

---

[148] Albert Einstein, carta al editor de *Physical Review*, fechada el 27 de Julio de 1936; en: *Physics Today* vol. 58, núm. 9, 2005, p. 43.

[149] Albert Einstein y Nathan Rosen, «On Gravitational Waves», *Journal of the Franklin Institute*, vol. 223, 1937, pp. 43-54.

[150] Albert Einstein, «Näherungsweise integration der feldgleichungen der Gravitation», *Sitzungsberichte der Königlich Preussischen Akademie der Wissenschaften zu Berlin*, p. 688-696, 1916. Ver también: «Über Gravitationswellen», *Sitzungsberichte der Königlich Preussischen Akademie der Wissenschaften zu Berlin*, 1918, pp. 154-167.

Vibraciones del espacio-tiempo

La teoría de la gravedad de Einstein nos dice que los fenómenos gravitacionales son consecuencia de la geometría del espacio-tiempo, la que ya no es un mero escenario en donde la Naturaleza ocurre y transcurre, sino un protagonista, un ente dinámico, un ingrediente más de la realidad del universo. Como si se tratara de la membrana de un tambor sobre el que hemos dejado un peso, el espacio-tiempo se deforma y se curva en presencia de materia. Pero, al igual que en el caso del tambor, cosas más interesantes pueden ocurrir. Al golpearlo con una baqueta, este siente un peso por un breve lapso y luego, a pesar de la ausencia de fuerzas, la membrana continúa vibrando con movimientos ondulatorios. La energía de movimiento entregada por el golpe se transforma en ondas mecánicas de la membrana.

El campo gravitacional se comporta de modo similar. Si aceleramos un cuerpo masivo, este emitirá ondas gravitacionales, tal como un cuerpo cargado emite ondas electromagnéticas. Lo hace la Tierra en su órbita alrededor del Sol, pero su intensidad es de detección virtualmente imposible. El espacio-tiempo es una membrana extremadamente rígida, muy difícil de deformar: son necesarias masas enormes concentradas en regiones relativamente pequeñas para producir una modesta curvatura. Por ello, la búsqueda de ondas gravitacionales se concentra en sistemas binarios muy masivos y que orbitan con gran rapidez, de modo que su radiación gravitacional sea lo más abundante posible. La pérdida de energía debida a la radiación emitida hace que los astros comiencen a acercarse hasta colisionar. Los cálculos sugieren que el proceso es uno de los que más radiación gravitacional genera. Más aún si se trata de dos agujeros negros de unas pocas masas solares, cuya densidad es enorme —la densidad de un agujero negro disminuye con el cuadrado de su masa—, unas cien billones de veces mayor que la del plomo. Pero este tipo de eventos no es de los que ocurren a la vuelta de la esquina en nuestro vecindario cósmico, por lo que debemos estar dispuestos a mirar grandes extensiones del universo para encontrarlos. Muy lejos de aquí.

El primero en intentar la detección de ondas gravitacionales fue el estadounidense Joseph Weber. Su ostentoso fracaso es uno de los momentos más tristes en la historia de la gravitación y quizás de la ciencia. Pero no podemos esconder los ángulos menos glamorosos del cómo y el porqué se hace ciencia. De la pasión y de las fuerzas que la impulsan. Del fracaso y de la gloria, esos dos impostores.

EL TRÁGICO INVIERNO DE WEBER

Una mañana muy fría de enero de 2000, el octogenario profesor Joseph Weber llegó temprano a su laboratorio en la Universidad de Maryland. El pavimento estaba escarchado, por lo que decidió estacionar su auto en la cima de la colina que se alzaba antes de llegar al edificio. Así no tendría problemas para subir con él a su regreso. En la pronunciada pendiente cubierta de hielo que lo separaba del laboratorio, resbaló, cayendo aparatosamente y fracturándose algunas costillas. El hombre que treinta años antes se había convertido en una celebridad, aquel a quien todos habían admirado y aplaudido, yacía ahora en el cemento frío, dolorido y abrumadoramente solo.

Su caída fue un eco de lo acontecido en los años que sucedieron a su fallida consagración, cuando en el número del 16 de junio de 1969 de la revista *Physical Review Letters*,[151] anunció el descubrimiento de las hasta entonces elusivas ondas gravitacionales. Weber era un físico connotado. Había sido uno de los

---

[151] Joseph Weber, *Physical Review Letters,* vol 22, 1969, pp. 1320-1324.

primeros en describir la física del láser en 1952, a pesar de que la gloria recayó en otros que hicieron más tarde los primeros prototipos, ganando el premio Nobel en 1964. Fue más tarde el primero en aventurarse en la búsqueda de las ondas gravitacionales que había predicho Albert Einstein. Su empresa había sido seguida y celebrada por los más importantes físicos de la época. Sus aparatos para la medición de estas ondas fueron reproducidos en distintas partes del mundo. Él mismo fue responsable del envío de un detector a la Luna en la misión Apolo 17, en 1972.

Pero el único que reportaba evidencias de ondas gravitacionales en sus instrumentos era Weber. A pesar del entusiasmo que generó entre sus pares, nadie más pudo reproducir sus resultados. Su credibilidad y prestigio se fueron deteriorando hasta que se fue quedando solo. Su tenacidad inquebrantable se fue transformando en tozudez. Los fondos estatales se fueron cortando y el laboratorio vaciando, hasta que él mismo terminó ocupándose de toda su operación sin la asistencia de nadie. Así, cuando acababa el siglo xx y la National Science Foundation comenzó a priorizar el financiamiento de nuevas tecnologías destinadas a dar un golpe de timón en la búsqueda de ondas gravitacionales, también terminaba definitivamente el sueño de Weber. Una de esas nuevas tecnologías era la concebida para el Observatorio LIGO —acrónimo inglés para Observatorio de Ondas Gravitacionales de Interferometría Láser—, que comenzó a pergeñarse a principios de los ochenta. Sería este experimento el que finalmente lograría la gesta, tras un extenso camino plagado de dificultades: pasaron más de treinta años hasta que las primeras ondas gravitacionales fueron detectadas. Weber fue el primero, pero no pudo llegar a la meta. Su sacrificio, sin embargo, no fue en vano. LIGO, el segundo en intentarlo, logró arribar a buen puerto, en gran medida gracias al trabajo pionero del primer explorador de las olas del universo.

GW150914: EL LLANTO PRIMORDIAL

La Tierra era un sitio inhóspito hace mil trescientos millones de años. Su fisonomía era muy distinta. El supercontinente Rodinia representaba prácticamente la totalidad de la geografía mientras en los mares surgían los primeros organismos pluricelulares. Al tiempo que un tipo de alga roja llamada *bangiomorpha pubescens* inauguraba la reproducción sexuada en la historia evolutiva, en los confines del universo tenía lugar un parto de inusitada violencia. Dos agujeros negros —uno de ellos de masa igual a treinta y seis masas solares, y su compañero de baile, de «apenas» veintinueve— transitaban los últimos pasos de su febril danza de apareamiento, girando a velocidades cercanas a la de la luz, acercándose en espiral hasta fundirse, gestando un nuevo agujero negro. Una copiosa cantidad de ondas gravitacionales se emitió en el parto, la más intensa de ellas en el instante en que el nuevo agujero negro se acomodó en la que desde entonces sería su nueva identidad. Ahora sólo pesaba sesenta y dos masas solares; las tres sobrantes, convertidas en energía, salieron despedidas en forma de ondas gravitacionales en un pulso tan breve, que la potencia emitida fue mayor que la lumínica de todas las galaxias del universo observable juntas. Ese llanto primordial arrugó el tejido espacio-temporal provocando una ondulación que inició allí un largo viaje.

En la Tierra aún no había detectores ni teorías. Los dados de la evolución, sin embargo, ya estaban echados. Al igual que a un arquero que se arroja con determinación ante la ejecución de un penal ya no le queda más que esperar el inminente contacto de la pelota con sus guantes, los organismos eucariontes del periodo Ectásico estaban perfectamente en sintonía con el tiempo de espera necesario para capturar la radiación gravitacional que se acercaba. Mil trescientos millones de años eran suficientes para que nuevos organismos eucariontes pluricelulares, provistos de decenas de billones de células altamente especializadas, construyeran el primer detector capaz de sentir el casi imperceptible meneo del espacio-tiempo.

Así fue como el lunes 14 de septiembre de 2015 a las 4.50 de la mañana la onda fue detectada en Luisiana. Lo propio ocurrió siete milésimas de segundo más tarde en el estado de Washington. Casi simultáneas, las señales eran idénticas. Los científicos concluyeron que la probabilidad de que un evento azaroso hubiera causado ese patrón en ambos detectores, ubicados a tres mil kilómetros de distancia, era prácticamente nula: menos de una en un millón. La señal había sido provocada por el paso a través de la Tierra de las ondas gravitacionales emitidas en el violento parto de un agujero negro sesenta y dos veces más pesado que el Sol. Se le puso nombre al llanto de la criatura: GW150914.

Una segunda detección

En un legendario ensayo titulado «Máquinas gravitacionales»,[152] escrito en 1962, el físico y matemático inglés Freeman Dyson, uno de los científicos más influyentes del siglo XX, especuló con la posibilidad de que civilizaciones avanzadas fueran capaces de obtener energía gravitacional desde un sistema de dos estrellas de neutrones girando una en torno a la otra. Allí mostró cómo este tipo de estrellas compactas tienen la característica de emitir abundante radiación gravitacional en pulsos muy cortos (de menos de dos segundos), con frecuencias de unos doscientos hertzios, agregando que «es valioso mantener el ojo puesto en este tipo de eventos usando los instrumentos de Weber o alguna

---

[152] Alastair Cameron (ed.), *Interestellar Communication: a Collection of Reprints and Original Contributions,* W. A. Benjamin Inc., 1963.

modificación de estos». De hecho, eran este tipo de eventos los que se esperaban en LIGO. Las colisiones de agujeros negros se pensaban mucho menos comunes y, sin embargo, fueron estas las observadas el 14 de septiembre de 2015, cuando el equipo estaba siendo sometido a las pruebas finales, antes de entrar «oficialmente» en el tiempo de la recolección de datos. Y poco después hubo una segunda detección, el 26 de diciembre del mismo año, cuya señal fue más intensa y —se extendió por más de un segundo y su frecuencia varió entre los treinta y cinco y cuatrocientos cincuenta hertzios, bastante cerca de las estimaciones de Dyson—, que también resultó consistente con la colisión de dos agujeros negros de catorce y ocho masas solares. Con la misma desbordante originalidad que habían usado en la primera detección, a esta señal se la llamó GW151226.

La importancia de la segunda detección fue crítica, mucho mayor de la que uno podría imaginar, ya que con un solo evento, por muy real que parezca, es poco probable ganar la credibilidad de toda la comunidad científica. Los fundadores de LIGO conocen bien la tragedia de Weber, por lo que saben de la importancia de extremar las precauciones ante anuncios científicos tan radicales —y mientras estas líneas entraban en la imprenta se anunció la tercera detección: GW170104; nuevamente dos agujeros negros, de diecinueve y treinta y dos masas solares, que se fundieron en uno hace... ¡tres mil millones de años!—. Estos dos nuevos eventos les hicieron respirar más tranquilos. Poco a poco el hallazgo parece consolidarse, dando consistencia firme al suelo sobre el que transitamos el viaje de exploración al que llamamos ciencia. Cuanto más robustos sean los pilares que lo sostienen, más lejos podremos aventurarnos. Así es como el ideario de la ciencia se va tejiendo.

Weber fue un soñador audaz, de eso no cabe duda, pero no supo contener sus ansiedades, cosa que en esta humana actividad se paga caro. Fue el mismo Dyson quien le escribió, en una carta fechada en junio de 1975: «Estimado Joe, he estado viendo con angustia cómo nuestras esperanzas se han desmoronado. Siento una enorme responsabilidad personal por haberte aconsejado en el pasado tomar este riesgo con firmeza [...]. Los grandes hombres no tienen miedo de admitir públicamente que cometieron un error y han cambiado de opinión».[153]

Al llegar el invierno de 2000 Weber ya había sido virtualmente olvidado. A sus ochenta años, triste, solitario y final, yacía en la calle escarchada de la Universidad de Maryland el fundador de la gravitación experimental, el primero en llevar la teoría de Einstein al laboratorio cuando nadie lo creía factible. El otrora legendario profesor Weber, comenzaba finalmente a claudicar. Ocho meses después moría consumido por un cáncer pulmonar. Tendrían que pasar más de cuarenta años para que sus esfuerzos fundacionales fueran reconocidos en la conferencia de prensa en la que se anunció el primer hallazgo de ondas gravitacionales. Allí, el estadounidense Kip Thorne, discípulo de John Archibald Wheeler y uno de los padres del descubrimiento, recordó con grandeza que «esta ha sido una empresa de medio siglo, que comenzó con el trabajo pionero de Joseph Weber», mientras que la directora de la National Science Foundation se congratulaba de haber invitado ella misma a la astrónoma Virginia Trimble, viuda de Weber, para reconocer el trabajo de este. Como es de justicia en un emprendimiento en el que los hallazgos de hoy se asientan en los fracasos del ayer, la misma agencia que abandonó a Weber en favor de las nuevas tecnologías puso en claro que sentía orgullo por sus viejos instrumentos, al punto de exhibirlos actualmente en los edificios de LIGO, en Hanford.

---

[153] Carta reimpresa en el libro de Harry Collins, *Gravity's Shadow: the Search for Gravitational Waves*, The University of Chicago Press, 2004.

LIGO Y EL MISTERIO DEL ORIGEN

Fueron necesarios casi veinticinco años de trabajo incesante de un ejército de científicos y técnicos para alcanzar el instante sublime del descubrimiento. La perseverancia fue la clave. La obstinada determinación de Rainer Weiss, Kip Thorne y Ronald Drever, los padres de la criatura, que defendieron contra viento y marea la posibilidad de «escuchar» los susurros del universo. Porque aquello que muchos pensaban imposible cristalizó esa fresca mañana de otoño como un regalo cósmico, llegado desde la región austral del cielo. La señal detectada fue extremadamente débil porque, al ser emitida en todas las direcciones, la porción que viajó hacia nosotros es una fracción ínfima de la onda inicial. Además de que la gravedad, no lo olvidemos, es la más débil de las interacciones.

Pero los detectores del experimento LIGO estaban cuidadosamente calibrados de modo que ese llanto ahogado pudiese ser percibido. La precisión allí conseguida en la medición de distancias no tiene parangón. Para detectar el paso de una onda gravitacional, LIGO necesita medir la distancia entre dos espejos, separados cuatro kilómetros, con una precisión de… ¡una parte en mil trillones! Esto es como medir la distancia entre la Tierra y el Sol con una precisión igual a la del tamaño de un átomo. El que lo hayan conseguido es razón suficiente para levantar las copas a la salud de nuestra especie.

Los cálculos teóricos exigen resolver las ecuaciones de la Relatividad General en una situación con la que es imposible lidiar en una hoja de papel. Es imprescindible la simulación con computadores. Aun así, el problema es de tal complejidad que recién ha podido ser resuelto en el siglo XXI, justo a tiempo de completar la aventura iniciada por una diminuta alga roja y poder darle sentido a la señal que pasó fugazmente por la Tierra. Y es que esta es tan tenue y viene mezclada con tanto ruido indeseado de origen terrestre —sismos, mareas, actividad humana—, que sólo conociendo bien lo que se busca es posible identificarlo. Los físicos teóricos simulan lo que ocurriría en distintos sistemas astrofísicos y cómo sería el perfil de las ondas gravitacionales que esperaríamos ver en la Tierra en cada uno de esos casos. Así se pudo identificar la señal GW150914.

Muchas son las conclusiones que se desprenden de la observación de LIGO. Pero quizás la consecuencia más importante sea que marca el comienzo de una nueva era en la exploración del universo, hasta ahora basada en las ondas electromagnéticas. Primero la luz visible, desde que Galileo alzara la vista al cielo valiéndose del telescopio. Luego, una gran variedad de frecuencias invisibles para nuestros ojos pero no para nuestros instrumentos. A partir de ahora tenemos una nueva herramienta que nos permitirá explorar sistemas astrofísicos aunque no emitan luz. Además, a diferencia de las ondas electromagnéticas, que pueden ser bloqueadas fácilmente por la materia, las gravitacionales atraviesan obstáculos sin dificultad. Con ellas podríamos escudriñar rincones del universo que hasta hoy nos resultaban opacos. Auscultar los sucesos que ocurrieron poco después del Big Bang, buscando la información que nos lleve a comprender el misterio del origen. Podemos entrever un futuro tan promisorio como el que imaginó Galileo al apartar el telescopio, aturdido y con las sienes palpitantes, tras contemplar por vez primera las intimidades que la anatomía lunar dejaba al descubierto en su prístina desnudez.

Agujeros negros peso mediano

Los agujeros negros son las criaturas más enigmáticas del bestiario universal. Sabemos que pueden, cual astros de rapiña, nacer a partir de la muerte de estrellas suficientemente masivas. Son muchos los posibles escenarios para este proceso y son tantas las estrellas que pueblan el cosmos que es de esperar que todas las posibilidades hayan acontecido. Esta vía de parto da lugar a agujeros negros cuya masa es la de unos pocos soles.

Las mayores evidencias disponibles actualmente, sin embargo, hacen referencia a monumentales agujeros negros que parecen residir en el centro de la mayoría —o quizás todas— las galaxias, cuyas masas oscilan entre un millón y mil millones de veces la masa del Sol. Poco sabemos, a ciencia cierta, del mecanismo de formación de estos gigantescos agujeros negros, pero podemos comprobar en detalle una multitud de procesos físicos que tienen lugar en su dominio, empezando por el estudio detallado de las órbitas del enjambre de estrellas que giran en torno a ellos describiendo pronunciadas elipses.

Pero más misteriosos aún son aquellos cuyas masas no son ni tan grandes ni tan pequeñas. Es cierto que, sabiendo ahora que pares de agujeros negros pueden fundirse para formar uno mayor, podríamos pensar que estos son el resultado de dichas fusiones. Sin embargo, no parece evidente que el proceso de fusión tenga la frecuencia necesaria para justificar que, con la edad actual del universo, haya podido ocurrir la larga secuencia que explique agujeros negros de algunas decenas de masas solares. Una posibilidad es que haya habido estrellas con esas masas —que justifiquen el nacimiento de estos agujeros negros por el mecanismo convencional— cuando el universo era un adolescente de apenas dos mil millones de años. Es pronto para estar seguros de ello.

Otra posibilidad, incierta pero probable e interesante, es que estos agujeros negros de peso mediano se hayan formado por la existencia de materia densamente acumulada en los instantes iniciales de la expansión del universo. Se los conoce como «agujeros negros primordiales». Si bien la propia expansión tiende a dispersar la materia, las fluctuaciones estadísticas en su distribución podrían haber llevado a su formación. Estos agujeros negros podrían ser muy livianos, tal como lo discutimos en el capítulo «Oxímoron Cósmico», llegando incluso a tener una masa similar a la del monte Everest o una luna de Saturno. Pero también pueden ser mucho mayores, llegando a tener diez o cien veces la masa del Sol.

Esta historia no ha hecho más que empezar. Las ondas gravitacionales que Einstein predijo no sólo existen, sino que podemos detectar sus sutiles, casi imperceptibles efectos. La detección de la onda gravitacional GW150914 fue el primer sonido de un universo al que creíamos mudo. La segunda y la tercera, en cambio, nos dicen que la astronomía de ondas gravitacionales habrá de ser, lejos de un repiqueteo insulso, la melodía entrañable que Joseph Weber soñó con los ojos abiertos, interpretada por la mayor de las orquestas.

23

El universo mudo

Una docena de personas rodeaban el ataúd cerrado cumpliendo con la tradición judía del *minyán*. Eran las tres y media de la tarde. Uno de los asistentes a la discreta ceremonia que tenía lugar en el crematorio de Trenton se aclaró la voz para leer el poema que Goethe había escrito en ocasión de la muerte de su admirado amigo Friedrich Schiller: «[...] ¿Vencerá la muerte a una vida que todos reverencian? ¡Cómo trae semejante pérdida a todos confusión! ¡Cómo semejante despedida deberemos siempre lamentar! El mundo está llorando, ¿no deberíamos llorar nosotros también? [...]».[154] Habían transcurrido poco más de doce horas desde que Albert Einstein murmurara sus últimas palabras en alemán, respirara hondamente un par de veces y dejara de hacerlo para siempre.

La noticia se dio a conocer a las ocho de la mañana del 18 de abril de 1955, por lo que tuvo que esperar al día siguiente para ver la primera plana de todos los periódicos del mundo. En las redacciones y agencias de noticias se afanaban por encontrar personas idóneas para un obituario que hiciera justicia a la grandeza del personaje que acababa de fallecer. Las prisas

---

[154] Abraham Pais, *Subtle is the Lord: The Science and Life of Albert Einstein*, Oxford University Press, 1982.

del ejercicio periodístico, sumadas a las dificultades para comprender su monumental obra, resultaron en una discreta cobertura en la que apenas se destacaron los puntos más reconocibles de su biografía, una desordenada colección de lugares comunes.

Como suele ocurrir ante las grandes pérdidas, la primera reacción fue más de estupor que de dolor. Sólo con el paso de los días se fue procesando la nueva realidad: la humanidad habría de seguir su rumbo sin el que quizás haya sido su ejemplar de mayor genio.

El otoño del patriarca

En otoño de 1935, Einstein y Elsa compraron la casa de 112 Mercer Street, en Princeton, que sería la definitiva. Arrinconada en los arrabales de su memoria había quedado la casa natal de Ulm, que acabaría siendo destruida por un bombardeo aliado, en diciembre de 1944. Lo supo tras recibir una foto de las ruinas. «El tiempo le ha sentado mal, incluso peor de lo que me ha sentado a mí»,[155] acotó brillante y sarcástico. Entre 1920 y 1929 hubo una fluida correspondencia entre Einstein y las autoridades de Ulm. El 14 de marzo de este último año, en ocasión de su cumpleaños número cincuenta, el alcalde de Ulm le envió una carta de felicitaciones en la que le informaba que se había decidido rendirle homenaje poniéndole su nombre a una calle. Einstein respondió con franca amargura, señal de los tiempos oscuros que empezaban a forjarse en Alemania: «Supe acerca de la calle con mi nombre. Mi consuelo fue pensar que no soy responsable de lo que pase allí».[156] La situación política que arrastraba a Alemania a las fauces del

---

[155] Hans Eugen Specker (ed.), *Einstein und Ulm*, Stadtarchiv Ulm, 1979.
[156] *Ibíd.*

nazismo, finalmente victorioso en 1933, interrumpió esta conexión epistolar, hasta que en 1949 Ulm quiso nombrar a Einstein ciudadano ilustre, honor que rechazó no sin dejar de mencionar con meridiana claridad que lo hacía en repulsa por el destino que tuvieron los judíos de esta ciudad durante los años de pesadilla del nazismo.

A finales de 1936 falleció Elsa y ya nada fue igual para Einstein. Nunca volvió a viajar al extranjero. Se replegó sobre sí mismo en numerosos aspectos de su vida. Por ejemplo, solía hablar en alemán con aquellas personas que comenzaron a formar parte de su círculo íntimo, desanimando al resto de siquiera intentar entablar una conversación con él. Su notoriedad pública no hizo más que engrandecer su figura, a tal punto que antiguos y célebres colegas como Bohr o Pauli comenzaron a reverenciarlo más allá de lo que había sido la prolongada relación entre ellos. Recibía continuas invitaciones, desde Hollywood a la Casa Blanca, y desde todos los rincones del planeta. Cada publicación suya era comentada en diarios y revistas, por periodistas que se enfrentaban a aquello que no comprendían con la ansiedad ardiente y estéril de los acólitos; y con idéntica mansedumbre. Sus esfuerzos por establecer una teoría del campo unificado, sin embargo, no despertaban entusiasmo alguno entre sus colegas y acabó por convertirse en una aventura solitaria que lo confinó, en los últimos veinte años de su vida, a un creciente autismo científico.

Los estudiantes de la Universidad de Princeton, que podían verlo a menudo recorriendo el campus, no se atrevían a acercarse a él y, debido al aislamiento que les podía significar, la idea de realizar una tesis doctoral bajo su dirección era percibida como un temprano suicidio académico. A pesar de ello, en una ocasión se acercó un estudiante a tantear la posibilidad de hacer el doctorado bajo su dirección. Para Einstein era tal la novedad que verdaderamente no sabía qué pasos había que seguir. Fue a ver a Robert Oppenheimer, el padre de la bomba atómica, quien ocupaba en ese momento el puesto de director: «Profesor Oppenheimer, me gustaría preguntarle cómo debo proceder: un alumno brillante de Princeton ha venido a verme para expresarme su profundo interés en lo que estoy haciendo actualmente, y quería saber si disponemos de becas». «Oppie», como lo llamaban todos, era lo que se podría llamar un hombre duro. La tensión acumulada durante los años del Proyecto Manhattan, las acusaciones e investigaciones de las que fue objeto por su supuesta militancia en el Partido Comunista y la propia acritud de su carácter, lo convirtieron en un personaje agresivo y sarcástico. Alguien capaz de responder en ese momento: «Profesor Einstein, las expresiones *alumno brillante* y *profundo interés en lo que estoy haciendo* no pueden ir juntas en una misma frase».[157]

La becaria francesa

Cada mañana procuraba repetir casi religiosamente su rutina. Desde que viera la puerta de 112 Mercer Street abrirse a su paso mientras caminaba resuelta rumbo a su despacho del Instituto de Estudios Avanzados —aquella vez que no pudo evitar detenerse a verle bajar los cuatro escalones del porche, caminar unos metros y unirse a ella en la acera—, Cécile intentaba que todos sus días comenzaran de idéntico modo. Einstein nunca se atrevería a confesar que cada mañana terminaba su café parapetado detrás de una de las ventanas de su casa, oculto por las finas cortinas, esperando ver llegar a esta joven becaria postdoctoral francesa de ojos color aguamarina y rostro angelical, buscando su silenciosa compañía en el trayecto de una milla que separaba

---

[157] Peter Lax, comunicación privada.

su casa del despacho. Apenas intercambiaban las palabras que la cortesía demandaba. El *good morning* de él, pronunciado con un exagerado énfasis germánico en la «o», pero con voz meliflua y delicada, casi siempre precedía al de ella, que volcaba el acento hacia el final, como ordenaban los cánones del francés.

El camino transcurría en el más absoluto silencio. De vez en cuando intercambiaban alguna mirada pero casi nunca una palabra, hasta despedirse en la puerta del Fuld Hall con la máxima corrección. Cécile compartía despacho con la física teórica neoyorquina Bruria Kaufman, colaboradora de Einstein en los últimos dos artículos científicos que este llegó a publicar. En muchas ocasiones la caminata terminaba allí o Einstein aparecía más tarde, buscando a Bruria. Es fácil imaginar que los pensamientos de Cécile Morette fueran agitados, presa de la emoción incontrolable de poder compartir esos minutos, en soledad, con una figura legendaria, de esas que habitualmente viven en los libros y no caminan con paso lento y cansado a nuestro lado. Ese hombre desmelenado y de poblados bigotes, cuya mirada triste a veces era acompañada por una inopinada sonrisa, había puesto la totalidad de la física patas arriba. Einstein, en cambio, veía a esta investigadora francesa de veintiséis años y no podía evitar verse a sí mismo a esa misma edad, en Berna, en aquellos seis meses de 1905 que pasarían a ocupar el ápice de los momentos estelares de la historia del pensamiento.

Sabía, por supuesto, que ella deseaba entablar una conversación pero sin saber por dónde empezar. También era consciente de que su interés por establecer una teoría del campo unificado era un esfuerzo solitario. Su rechazo a los principios en los que se asentaba la Mecánica Cuántica y el hecho de que casi toda la comunidad estuviera trabajando bajo el dictado de estos —algo totalmente comprensible teniendo en cuenta la infinidad de resultados importantes que ofrecían y que podían verificarse casi de inmediato en el laboratorio— no hicieron más que acrecentar la brecha que lo fue aislando progresivamente. No parece necesario aclarar que Einstein también deseaba iniciar una conversación con Cécile, una mañana tras otra, pero no se atrevía a preguntarle en qué estaba trabajando, temeroso de la más que probable irrupción de un silencioso muro invisible entre ellos que luego sería difícil de derribar. Prefirió preservar la integridad elegida de ese silencio diario compartido.

¿POR QUÉ NO HABLAN LOS PLANETAS?

Esa mañana, como todos los domingos, Jacques Lacan salió temprano para poder asegurarse de encontrar el *croissant* que acompañaría la pausada lectura de *Le Monde*. De todos los instantes que adoquinaban las calles de su rutina semanal, este adquiría un carácter casi religioso. De hecho, le gustaba pensar que dedicaba a esta actividad la misma franja horaria que en su infancia empleaba en ir a misa. Apenas había gente a esas horas que pudiera cruzarse en su paseo. Con el *croissant* en una bolsita de papel madera y el periódico debajo del brazo, Lacan volvió a La Prévôté, su casa de Guitrancourt, en la que pasaba los fines de semana.

Se acomodó en el estudio, apartando algunos libros y folios en los que comenzaba a bosquejarse el seminario que habría de impartir esa semana. Sylvia le había dejado una taza de café. En las páginas de *Le Monde* se encontró con un modesto anuncio que capturó completamente su atención: diversas organizaciones judías de Francia invitaban a una ceremonia en memoria de Albert Einstein que se celebraría al día siguiente en el gran anfiteatro de La Sorbona. La muerte de Einstein no había pasado desapercibida para Lacan. Incluso recordaba la sentencia que el príncipe De Broglie incluyó en el obituario de *Le Monde*: «Albert Einstein fue un partisano resuelto del determinismo fundamental». Desde que unos años atrás empezara a reunirse periódicamente con el matemático Georges-Théodule Guilbaud, el interés de Lacan por la geometría y la topología de los espacios curvos iba en aumento y no eran pocas las ocasiones en las que acababan hablando con fascinación de la Teoría de la Relatividad General.

Einstein se coló irremediablemente en varios pasajes del seminario que Lacan impartió el jueves siguiente en París. Sobre el final, mientras se recreaba con el «Dios no juega a los dados», la famosa y lapidaria sentencia de Einstein contra las leyes de la física cuántica, se le ocurrió pensar que quizás el ser humano sí lo hacía porque «de este dado que rueda surge el deseo».[158] Y decidió cerrar la charla haciéndose en voz alta dos preguntas llenas de misterio que había escrito en el margen del periódico dominical, aún sin saber su respuesta: «¿Por qué sólo el hombre juega a los dados? ¿Por qué no hablan los planetas? Preguntas que por hoy dejo abiertas».[159] No cabía duda de que ninguno de los presentes se perdería por nada del mundo el siguiente seminario, ante la vaga promesa de encontrarse con una respuesta a alguna de esas preguntas de apariencia estrambótica.

El domingo 22 de mayo, Lacan preparó el seminario pasando unas cuantas horas de pie frente al cuadro *El origen del mundo*, que había comprado unos meses antes. Deslizó por el sistema de rieles del grueso marco la versión surrealista de este que había encargado Sylvia a su cuñado, André Masson, para ocultar el cuadro maldito de Courbet y fijó la mirada allí donde tantas veces había visto hacerlo a sus invitados. Todos los seres con capacidad de jugar a los dados, por muy compleja que fuera la historia de su concepción, habían comenzado

---

[158] Jacques Lacan, *Seminario 2: El yo en la teoría de Freud y en la técnica psicoanalítica*, Editorial Paidós, 1983.
[159] *Ibíd.*

su singladura emergiendo de esa cavidad oscura. Comprendió pronto cuál era la respuesta de la pregunta con la que temerariamente había cerrado el seminario anterior: «Los planetas no hablan: primero, porque no tienen nada que decir; segundo, porque no tienen tiempo; tercero, porque se los ha hecho callar».[160] Albert Einstein los hizo callar el jueves 25 de noviembre de 1915 en la Academia Prusiana de Ciencias, cuando presentó las ecuaciones de la gravitación que los condenaban a seguir con mansedumbre servil un conjunto de trayectorias preestablecidas llamadas órbitas.

En su afán por impedir que Dios jugara a los dados, Einstein consiguió despojar de esa prerrogativa lúdica a todos los astros del cielo, dejándonos en herencia un cosmos extraordinariamente hermoso, una gigantesca orquesta de jazz en la que la pretendida improvisación de sus intérpretes es simulada. Todas las estrellas, planetas, cometas y satélites, todos los asteroides, galaxias y agujeros negros, en realidad, siguen estricta y celosamente las pautas de un libreto. Pero lejos de tratarse de un voluminoso tratado, este consiste en apenas un puñado de ecuaciones. Los astros mascullan la matemática en silencio y transitan con mansedumbre, serviles y circunspectos, las órbitas que resultan de esos elegantes cálculos. Cada paso del espectáculo coreográfico que discurre en la bóveda celeste está estipulado en el contrato de las leyes fundamentales de la Naturaleza, encabezadas por las ecuaciones de Einstein. La industriosa empresa tiene lugar en el más absoluto silencio. He aquí el legado de Albert Einstein: un universo mudo.

---

[160] Jacques Lacan, *Ibíd.*

Agradecimientos

A Margot Nothenberg, heroína e inspiradora, testigo presencial de la civilidad y la barbarie de la Alemania de principios del siglo XX. Sus historias y su memoria perduran, vivas, en muchos textos de este libro.

A Daniel Guebel por su espléndida edición, señalando aspectos clave y ajustando cuanta tuerca suelta hubiéramos dejado en el camino, siempre con ingenio, humor y cálida amistad.

A Cécile DeWitt-Morette y Christiane DeWitt, por contarnos la historia que inspiró el pasaje La becaria francesa, cuya traducción al inglés le fue leída a una sonriente Cécile en su última noche de vida por su nieto Ben.

A Freeman Dyson y Peter Lax, por compartir con nosotros pequeñas historias que acabaron colándose en estas páginas.

A Florencia Iglesias por su valiosa y generosa ayuda en la corrección.

A Rubén Dubrovsky por su sabio y certero asesoramiento musical.

A Ernesto Altshuler por compartir con nosotros el entrañable texto que su padre, José, escribió sobre las treinta horas que Einstein pasó en Cuba.

A Francisco Aravena, quien trabajó con nosotros en la edición de textos precursores de algunos que encontraron su lugar en este libro.

A nuestras familias, por la paciencia y comprensión para tolerar los muchos momentos en los que casi se vieron obligados a adoptar a Albert Einstein como un miembro más. El cariño y la alegría por vernos llevar adelante este anhelado proyecto siempre prevalecieron sobre las eventuales incomodidades que pudiera traer consigo el nuevo pariente.

Queremos agradecer el apoyo institucional de la Universidad de Santiago de Compostela (España), la Universidad Adolfo Ibáñez (Chile) y el Centro de Estudios Científicos (Chile), así como del proyecto de investigación FPA2014-52218 y del programa de excelencia *María de Maeztu* MDM-2016-0692, ambos dependientes del Ministerio de Economía, Industria y Competitividad (España), y del proyecto de investigación No.1141309 del Fondo Nacional de Desarrollo Científico y Tecnológico (Chile).

Índice onomástico